Clarissa Ana Zambiasi

Qualität von Bohnen, die bei unterschiedlichen Temperaturen gelagert werden

Clarissa Ana Zambiasi

Qualität von Bohnen, die bei unterschiedlichen Temperaturen gelagert werden

Kühllagerung

ScienciaScripts

Imprint

Any brand names and product names mentioned in this book are subject to trademark, brand or patent protection and are trademarks or registered trademarks of their respective holders. The use of brand names, product names, common names, trade names, product descriptions etc. even without a particular marking in this work is in no way to be construed to mean that such names may be regarded as unrestricted in respect of trademark and brand protection legislation and could thus be used by anyone.

Cover image: www.ingimage.com

This book is a translation from the original published under ISBN 978-620-2-04705-0.

Publisher:
Sciencia Scripts
is a trademark of
Dodo Books Indian Ocean Ltd. and OmniScriptum S.R.L publishing group

120 High Road, East Finchley, London, N2 9ED, United Kingdom
Str. Armeneasca 28/1, office 1, Chisinau MD-2012, Republic of Moldova, Europe
Printed at: see last page
ISBN: 978-620-7-23415-8

Copyright © Clarissa Ana Zambiasi
Copyright © 2024 Dodo Books Indian Ocean Ltd. and OmniScriptum S.R.L publishing group

ZUSAMMENFASSUNG

DANKSAGUNGEN... 2
BIOGRAPHIE... 3
ZUSAMMENFASSUNG.. 4
1. EINFÜHRUNG 5
2. ZIELE 7
3. Literaturübersicht... 8
4. MATERIALIEN UND METHODEN 24
5. Ergebnisse und Diskussion.. 38
6. schlussfolgerungen.. 63
BIBLIOGRAFISCHE HINWEISE 64

An meine Eltern und Geschwister;

und mein Mann.

Der Rat der Weisheit lautet: Strebe danach, Weisheit zu erlangen; nutze alles, was du hast, um Verständnis zu erlangen.

(Sprüche 4:7)

DANKSAGUNGEN

An Gott, für das Geschenk des Lebens, für die Unterstützung in schwierigen Zeiten und dafür, dass er mir zeigt, dass es immer Zeit für einen Neuanfang ist.

Der Bundesuniversität von Viçosa und dem Aufbaustudiengang für Agrartechnik für den Unterricht und die Gelegenheit.

Meinem Betreuer, Professor Jadir, für all seine Ratschläge, seine freundlichen Worte und die Geduld, die er immer mit mir hatte.

Meinem Co-Betreuer, Professor Adilio, für seine Zuneigung und das Wissen, das er mit mir geteilt hat.

Meinen Eltern und Geschwistern, für ihre Liebe und ihr Vertrauen und für die bedingungslose Unterstützung, die sie mir immer gegeben haben.

An Freunde von nah und fern, die in jeder Phase meines Lebens immer für mich da waren.

Meiner Freundin Roberta Rigueira, für all ihre Lehren und ihre Freundschaft.

Meiner großartigen Freundin Patricia, für ihre Zuneigung, Freundschaft und Hilfe.

An alle, die direkt oder indirekt in irgendeiner Weise zur Fertigstellung dieser Arbeit beigetragen haben.

Meinem Ehemann Filipe für seine Liebe, Partnerschaft, Geduld und sein Vertrauen in mich.

BIOGRAPHIE

CLARISSA ANA ZAMBIASI, Tochter von Sulani Ana Giovanaz Zambiasi und Moacir José Zambiasi, wurde am 17. Juli 1985 in der Stadt Nova Bréscia, im Bundesstaat Rio Grande do Sul, geboren.

Im Jahr 2002 machte er seinen Abschluss an der Staatlichen Hochschule Nova Bréscia.

Im Januar 2010 machte er seinen Abschluss in Agraringenieurwesen an der Bundesuniversität Pelotas (UFPel).

Im Juli 2011 erwarb er einen Master-Abschluss in Saatgutwissenschaft und -technologie im Rahmen des Nachdiplomstudiums der Pflanzenwissenschaften an der UFPel.

Im August desselben Jahres begann er seine Promotion in Agraringenieurwesen an der Bundesuniversität von Viçosa im Bereich der Lagerung von Pflanzenprodukten, die er im Dezember 2015 abschloss.

ZUSAMMENFASSUNG

Während der Lagerung können die Temperatur und die relative Luftfeuchtigkeit die Qualität der Bohnen verändern. Der Härtegrad der Bohnen ist ein Merkmal, das mit dem Qualitätsverlust zusammenhängt, denn er verlängert nicht nur die Kochzeit, sondern verändert auch den Geschmack und lässt die Haut dunkel werden. Die Kühlung der Bohnenmasse während der Lagerzeit ist eine wirksame und wirtschaftliche Technik, um die Qualität des Erzeugnisses zu erhalten, da sie die Wasseraktivität und die Atmungsrate der Bohnen verringert, die enzymatischen Aktivitäten reduziert und die Entwicklung von Schädlingen und der vorhandenen Mikroflora verlangsamt, unabhängig von den klimatischen Bedingungen der Region. Das allgemeine Ziel dieser Studie bestand darin, die Qualität von Bohnen zu bewerten, die unter verschiedenen Temperaturbedingungen gelagert wurden. Konkret ging es darum, das Lagersystem in einem Silo mit einem Fassungsvermögen von 112 Tonnen und bei Temperaturen von 15°C, 30°C und Umgebungstemperatur zu bewerten und die Veränderungen des Wassergehalts, des Keimungstests, der Kochzeit, der Farbe, des Tests der elektrischen Leitfähigkeit, des Aschegehalts, des Wasserstoffpotenzials, der scheinbaren spezifischen Masse und des Gewichtsverlusts der Masse der 90 Tage lang gelagerten Bohnen zu untersuchen. Gleichzeitig wurden Veränderungen bei den Eigenschaften und der Temperatur der im Silo gelagerten Getreidemasse festgestellt. Es wurde festgestellt, dass die Lagerung bei 15 °C eine wirksame Methode zur Erhaltung der Bohnenqualität über einen Zeitraum von 90 Tagen ist. Der Einsatz von Lagertechniken wie der künstlichen Kühlung der Bohnenmasse kann den Erzeugern bei der Entscheidung helfen, ob die Lagerung sicher ist und garantiert, dass die Qualität der Partie erhalten bleibt.

1. EINFÜHRUNG

Brasilien ist mit einer geschätzten Produktion von 3.151,2 Tausend Tonnen für die Ernte 2014/2015 der größte Bohnenproduzent der Welt. Zu den wichtigsten Erzeugerstaaten gehören Paraná mit 727,1 Tausend Tonnen und Minas Gerais mit einer Produktion von 527,1 Tausend Tonnen im selben Zeitraum, wie aus den Daten der nationalen Versorgungsgesellschaft CONAB (2015) hervorgeht.

Sieben von zehn Brasilianern essen jeden Tag Bohnen. Die für die brasilianische Küche typischen Bohnen sind eine Quelle für pflanzliches Eiweiß, Vitamine des B-Komplexes und Mineralstoffe wie Eisen, Kalzium und Phosphor. Die durchschnittliche Person konsumiert 19 kg Bohnen pro Jahr (BRASIL, 2015).

Die Qualität des Getreides ist ein wichtiger Parameter für die Vermarktung und Verarbeitung und beeinflusst den Wert des Erzeugnisses. Die Masse des gelagerten Getreides stellt ein System dar, in dem die Verschlechterung des gelagerten Produkts aus den Wechselwirkungen zwischen physikalischen, chemischen und biologischen Faktoren resultiert. Die wichtigsten Faktoren sind: Temperatur, Feuchtigkeit, CO_2, O_2, Getreideeigenschaften, Mikroorganismen, Insekten, Nagetiere, Vögel und geografische Lage. Die Lagerdauer von Getreide hängt hauptsächlich von der Temperatur und dem Wassergehalt ab (JAYAS; WHITE, 2003).

Die Qualität der Körner kann durch ihre Verzehrsfähigkeit bestimmt werden, die vor allem mit ihren Wasseraufnahmeeigenschaften vor und nach dem Kochen, der Kochzeit, dem Prozentsatz an löslichen Feststoffen und der Farbe von Schale und Saft zusammenhängt. Diese Eigenschaften können sich während der Lagerung unter ungeeigneten Bedingungen oder sogar durch das Auftreten von Schädlingen verändern (REYES-MORENO; PAREDES-LOPEZ, 1993; RESENDE et al., 2008).

Die Dauer der Lagerung von Bohnen in Verbindung mit einer hohen Temperatur und relativen Luftfeuchtigkeit sind wichtige Indikatoren für die Verlängerung der Kochzeit von Bohnen und können auch einige der ernährungsphysiologischen Eigenschaften des Lebensmittels aufgrund des *Hard-to-cook-Effekts* (HTC) verändern (COELHO et al., 2007), was so viel bedeutet wie "schwer zu kochen". Wie Yousif et al. (2002) berichten, führt die Lagerung von Bohnen unter ungeeigneten Bedingungen zu einer Verlängerung der Kochzeit und zu einem Anstieg der Endhärte der Bohnen.

Die Belüftung ist eine weit verbreitete Technik zur Vorbeugung von Problemen im Zusammenhang mit der Konservierung von gelagertem Getreide. Ihre Hauptziele sind:

Kühlung, Standardisierung der Temperatur, Verhinderung von Erhitzung und Befeuchtung sowie Förderung der Entfernung von Gerüchen aus der Getreidemasse (SILVA et al., 2000).

Nach Rigueira et al. (2009) ist die Kühlung der Körnermasse während der Lagerzeit eine vielversprechende Technik zur Erhaltung der Produktqualität, da sie die Wasseraktivität und die Atmungsrate der Körner verringert und die Entwicklung von Schadinsekten und der vorhandenen Mikroflora verlangsamt, unabhängig von den klimatischen Bedingungen in der Region. Nach Lazzari et al. (2006) hat die Kühlung der Körnermasse den Vorteil, dass sie in großem Maßstab effizienter angewandt werden kann, da sie nicht von den äußeren Umweltbedingungen abhängt.

Daher kann die Messung der Temperatur und des Wassergehalts an verschiedenen Stellen der Körnermasse während eines Belüftungsvorgangs ein wichtiges Instrument zur Entwicklung und Bewertung von Bekämpfungsstrategien sein, um das Getreide gesund zu erhalten und die Kosten für chemische Behandlungen gegen Insekten und Pilze zu senken (JIA et al., 2001).

Aus diesen Gründen und in Anbetracht des zunehmenden Einsatzes der künstlichen Kühlung von Bohnen in Brasilien wurde vorgeschlagen, die Temperatur der in Silos gelagerten Bohnenmasse während eines 90-tägigen Lagerungszeitraums zu überwachen, die einer künstlichen Kühlung mit Hilfe von Geräten unterzogen wurden, die mit einem künstlich gekühlten Belüftungsmechanismus ausgestattet sind, mit dem Ziel, die Qualität des Lagersystems zu verbessern.

Ergänzend zu dieser Studie haben wir auch versucht, die Qualität der unter verschiedenen Temperaturbedingungen gelagerten Bohnenpartien zu bewerten, um die Qualitätsverluste der Bohnen zu verringern und den Bedürfnissen des Agrarmarktes und der ländlichen Erzeuger, die sich für die Lagerung entscheiden, gerecht zu werden, wenn es darum geht, die Angebots- und Nachfrageströme zu regulieren und die Lagerbestände zu erhalten, um den Engpass beim Verkauf der Bohnen zu verringern und somit Spekulationseffekte zu vermeiden. Ballou (2001) nennt vier Gründe für die Lagerung und Einlagerung von Erzeugnissen: Verringerung der Transport- und Produktionskosten, Koordinierung von Angebot und Nachfrage, Unterstützung des Produktionsprozesses und Unterstützung des Vermarktungsprozesses.

2. ZIELE

2.1. Allgemeines Ziel

Das allgemeine Ziel dieser Studie war die Bewertung der physiologischen Qualität einer Partie Bohnen, die unter verschiedenen Temperaturbedingungen gelagert wurde.

2.2. Spezifische Ziele

- Bewertung des Lagersystems in einem Silo mit einer Kapazität von 112 Tonnen und bei Temperaturen von 15°C, 30°C und Umgebungstemperatur.

- Untersuchung der Veränderungen des Wassergehalts, des Keimungstests, der Kochzeit, der Farbe, des Tests der elektrischen Leitfähigkeit, des Aschegehalts, des hydrogenionischen Potenzials, der scheinbaren spezifischen Masse und des Gewichtsverlusts der 90 Tage lang gelagerten Körnermasse.

- Vergleich der physiologischen Qualität von Bohnen, die unter kalten Bedingungen (15 °C und 58 ± 2 % r.F.) gelagert wurden, mit denen, die bei 30 °C und 58 ± 2 % r.F., bei Raumtemperatur und 58 ± 2 % r.F. sowie in einem Lagersilo (19 ± 2 °C und 55 ± 2 % r.F.) auf dem Hof gelagert wurden.

- Überwachung der Temperatur des im Silo gelagerten Getreides, Beobachtung der radialen Verteilung der Abkühlung der Getreidemasse und in Schichten unterschiedlicher Höhe (Ebenen) im Lagersilo, Analyse der Temperaturen an neun Stellen im Silo;

- Vergleichen Sie den Gewichtsverlust der Bohnenpartie, die bei 15°C und 58 ± 2% relativer Luftfeuchtigkeit, bei 30°C und 58 ± 2% relativer Luftfeuchtigkeit und in natürlicher Umgebung und 58 ± 2% relativer Luftfeuchtigkeit gelagert wurde, nach 30, 60 und 90 Tagen Lagerung.

3. LITERATURÜBERBLICK

Bohnen (*Phaseolus vulgaris L.*) werden von den Brasilianern traditionell in großem Umfang verzehrt und stellen eine der wichtigsten landwirtschaftlichen Kulturen des Landes dar, die auch eine wesentliche Rolle für den Bedarf an Arbeitskräften beim Anbau und bei der Verarbeitung spielt. Getreide ist eine wichtige Eiweißquelle für die menschliche Ernährung in den Entwicklungsländern der tropischen und subtropischen Regionen (DINIZ, 2006).

Oliveira et al. (2011) zufolge liefern Bohnen wichtige Nährstoffe wie Eiweiß, Eisen, Kalzium, Vitamine, Kohlenhydrate und Ballaststoffe. Sie werden in fast allen Ländern angebaut und haben aufgrund ihrer geringen Kosten und ihrer hohen Nährstoffqualität große Bedeutung erlangt.

Silva et al. (2012) wiesen darauf hin, dass die Kulturpflanze eine große Vielfalt an Korntypen aufweist, insbesondere in Bezug auf Form, Größe und Farbe. Auf dem brasilianischen Markt ist diese Vielfalt sehr offensichtlich. Bevorzugt werden jedoch vor allem die Bohnen des Typs Carioca, die eine helle Schale haben und bei denen während der Lagerung eine Verdunkelung und Verhärtung der Bohnen auftritt, ein Phänomen, das einen erheblichen Verlust des Handelswerts der Bohnen verursacht.

Die geernteten und verarbeiteten Bohnen werden in Säcke verpackt und in einfachen Lagern aufbewahrt. Auf diese Weise verändern sich in relativ kurzer Zeit die physikalisch-chemischen Eigenschaften der Bohnen durch die Umwandlung ihrer Bestandteile, so dass die Bohnen eine hohe Kochbeständigkeit aufweisen und sich ihre sensorischen und ernährungsphysiologischen Eigenschaften verändern, was sie für den Verbraucher unattraktiv macht (ROMANO, 2006).

Nach Bragantini (2005) ist die Temperatur vielleicht einer der wichtigsten physikalischen Faktoren für die Konservierung von gelagertem Getreide, da die meisten chemischen Reaktionen mit steigender Temperatur beschleunigt werden. Bei einer niedrigeren Lagertemperatur können die Körner sicher gelagert werden, auch wenn der Wassergehalt der Körner etwas höher ist, da die niedrige Temperatur die Wasseraktivität verringert und die Entwicklung von Mikroorganismen und Insektenschädlingen hemmt.

Der Wassergehalt der Körner ist neben der Temperatur der wichtigste Faktor für die Konservierung von Körnern und Samen. Bei niedrigem Wassergehalt [11 bis 13 Prozent (b.u.)] ist die Lebensaktivität (Atmung) vermindert und der Stoffwechsel reduziert. Die Kombination aus niedriger Temperatur und niedrigem Wassergehalt der Körner ist ideal für die Lagerung von Saatgut und Körnern, die ihre Qualität bewahren müssen (BRAGANTINI, 2005).

Die Kühlung der Körnermasse während der Lagerzeit ist eine wirksame und wirtschaftliche Technik, um die Qualität des Produkts zu erhalten, da sie die Wasseraktivität und die Atmungsrate der Körner verringert und die Entwicklung von Schädlingen und der vorhandenen Mikroflora verlangsamt, unabhängig von den klimatischen Bedingungen der Region (RIGUEIRA et al., 2009).

Nach Banks und Fields (1995) beeinträchtigt die Senkung der Temperatur von 20 auf 14° C durch Einblasen von kalter Luft das Populationswachstum der meisten Insektenarten und erhöht die Sterblichkeit, insbesondere bei den unreifen Stadien. Es ist zu beachten, dass die Kältetoleranz und -akklimatisierung je nach Art, Temperatur und Expositionszeit variiert.

Bei der Kühlung wird kalte, relativ trockene Luft durch die in Silos gelagerte Getreidemasse gepresst. Wenn das Getreide einmal gekühlt ist, bleibt es in der Regel mehrere Monate lang kühl. Neben der Senkung der Trocknungskosten, der Verringerung der physiologischen Verluste durch die Atmung des Getreides und der Erhaltung einer hohen Qualität bietet die Kühlung des Getreides einen ausgezeichneten Schutz gegen Insekten (SANTOS, 2002).

Nach Lazzari et al. (2006) hat die Kühlung der Getreidemasse durch Einblasen von Kaltluft den Vorteil, dass sie in großem Maßstab effizienter angewandt werden kann, da sie nicht von den äußeren Umweltbedingungen abhängig ist.

Die Kenntnis der physikalischen, chemischen und biologischen Eigenschaften des Korns ist für die erfolgreiche Anwendung dieser Technik von großer Bedeutung. Zu den einflussreichen Variablen in diesem Prozess gehören die Temperatur und die relative Feuchtigkeit der intergranularen Luft sowie der Wassergehalt der Körner (LACERDA FILHO et al., 2007). Das Zusammenspiel dieser Faktoren kann die Entwicklung von Schadinsekten und Mikroorganismen, insbesondere von Pilzen, begünstigen, die die Körner schädigen und zu einem Totalverlust in biologischer und gesundheitlicher Hinsicht führen können.

3.1. Die Bedeutung der künstlichen Kühlung während der Lagerung unter Berücksichtigung der physiologischen Aspekte von Körnern und Samen

Bei der Getreidelagerung werden große Mengen an organischer Masse ständigen Prozessen lebender biologischer Aktivität ausgesetzt. Die biologische Aktivität und die

Atmungsaktivität führen zu chemischen Oxidationsreaktionen, einer Zunahme der freien Radikale, einem Verlust an Trockensubstanz, einer Erwärmung des Getreides, einem Verlust an Nährstoffen, einem Anstieg des Wassergehalts und der Temperatur des Getreides, bis ein Teil des guten Getreides verbrannt ist. All dies begünstigt die Entstehung und Ausbreitung von Insekten-, Bakterien- und Pilzkolonien, weshalb eine strenge Temperaturüberwachung unerlässlich und von grundlegender Bedeutung ist, da die Erhitzung der Masse infolge der oben genannten Aktivitäten das Vorhandensein eines oder mehrerer der oben genannten Übel offenbart (WEBER, 2005).

Während der Nacherntezeit durchlaufen die meisten Körner eine Reihe von Phasen wie Trocknung, Lagerung und schließlich Verarbeitung. Viele dieser Vorgänge können die Qualität der Erzeugnisse beeinträchtigen und ihre spätere Konservierung gefährden. Die Kenntnis der physikalischen und chemischen Eigenschaften der Körner kann dazu beitragen, diese Probleme durch eine angemessene Behandlung zu minimieren (ELIAS, 2008).

Nach Elias (2008) kann die Qualität der Körner von der Ernte über den Transport, die Handhabung, die Trocknung und die Lagerung verschiedene Veränderungen erfahren. Chemische Veränderungen treten vor allem während der Lagerung auf und werden in hohem Maße durch den Wassergehalt, die physikalischen Bedingungen der Körner und die atmosphärischen Bedingungen wie Zusammensetzung, Temperatur, relative Feuchtigkeit und Lichteinfall beeinflusst. Die gelagerten Körner setzen den Atmungsprozess fort und erzeugen Wärme, so dass die Belüftungsbedingungen eingehalten werden müssen, um einen Temperaturanstieg zu vermeiden.

Bei der Lagerung ist es daher wichtig, das Wissen über den Zustand des Getreides, insbesondere seinen Wassergehalt und seine Beschaffenheit, mit den Umweltbedingungen wie Temperatur, relative Luftfeuchtigkeit und Licht zu kombinieren, um die Qualität des Produkts zu erhalten (POHNDORF, 2012).

Nach Abba und Lovato (1999) ist die Lagerung von Körnern in tropischen Regionen aufgrund der Temperatur und der relativen Luftfeuchtigkeit problematischer als in Regionen mit gemäßigtem oder kaltem Klima. Diese beiden Parameter sind ausschlaggebend für den Verlust der Lebensfähigkeit des Saatguts während der Lagerung und für die Veränderung der Qualität des Produkts und folglich der Nebenprodukte (LACERDA et al., 2003; KONG et al., 2008; MALAKER et al., 2008).

Jayas und White (2003) stellten fest, dass die Getreidequalität ein wichtiger Parameter für die Vermarktung und Verarbeitung ist und den Wert des Produkts beeinflusst. Die Autoren beschrieben, dass die Masse der gelagerten Körner ein System darstellt, in dem die Verschlechterung des gelagerten Produkts aus den Wechselwirkungen zwischen physikalischen, chemischen und biologischen Faktoren resultiert. Die wichtigsten Faktoren sind: Temperatur, Feuchtigkeit, CO_2, O_2, Getreideeigenschaften, Mikroorganismen, Insekten, Nagetiere, Vögel und geografische Lage. Die Lagerdauer von Getreide hängt hauptsächlich von der Temperatur und dem Wassergehalt ab.

Die physikalischen Eigenschaften von Körnern und Saatgut sind auch für die Dimensionierung und Auslegung von Förder-, Reinigungs- und Trennanlagen, den Einsatz von Lagertechniken und die Konstruktion von Silos und anderen Lagereinrichtungen von großer Bedeutung. Die Kenntnis der Beziehungen zwischen den physikalischen Eigenschaften und den Verderbnisfaktoren kann zur Lösung von Problemen im Zusammenhang mit dem Wärme- und Stofftransport während der Trocknungs- und Belüftungsphasen und zur korrekten Lagerung des Produkts beitragen (GONELI et al., 2003).

Sousa (2003) stellte fest, dass während der Lagerung von Bohnen einige chemische und strukturelle Veränderungen auftreten, die zu einer Verschlechterung der allgemeinen Qualität und des Nährwerts des Produkts führen. Dieser Qualitätsverlust ist gekennzeichnet durch Veränderungen der Farbe, des Geschmacks und eine Zunahme des Härtegrads der Bohnen, was eine Verlängerung der Kochzeit zur Folge hat.

Nach Resende et al. (2008) ist die Trocknung von Bohnensamen das am häufigsten angewandte Verfahren, um ihre Qualität und Stabilität zu gewährleisten, da die biologischen und physikalisch-chemischen Aktivitäten während der Lagerung mit der Verringerung des Wassergehalts abnehmen, wodurch das Wachstum von Mikroorganismen und die Möglichkeit der Vermehrung von Insekten und Schädlingen gehemmt werden. Darüber hinaus wird der Atmungsprozess des Saatguts verringert, wodurch die Reserven während der Lagerung erhalten bleiben (CARVALHO; NAKAGAWA, 2000).

Nach Brackmann et al. (2002) verursachen die Atmung und andere Stoffwechselprozesse in den Bohnen nach der Ernte weiterhin erhebliche Qualitätsverluste. Außerdem kann eine lange Lagerzeit dazu führen, dass sich die Haut der Carioca-Bohnen dunkel verfärbt, wodurch ihr Handelswert sinkt.

Der Anstieg des Wassergehalts wird auf die Atmungsaktivität sowohl der Körner als auch der mit ihnen assoziierten Mikroflora zurückgeführt, obwohl die Atmungsrate der Körner im Allgemeinen weniger intensiv ist als die der Mikroorganismen (MUIR; WHITE, 2000).

Diesen Autoren zufolge ist die Atmung der Körner intensiver, wenn der Wassergehalt hoch ist, obwohl auch die Temperatur, die relative Luftfeuchtigkeit und der Zustand der Konservierung den Stoffwechsel der Körner beeinflussen; sie betonen auch, dass das während des Atmungsprozesses produzierte Wasser den Wassergehalt des Produkts erhöht, was wiederum die Entwicklung und die Atmungsrate der Mikroflora intensiviert.

Wenn die lebenswichtige Aktivität (Atmung) von Körnern und Samen durch den Wassergehalt kontrolliert wird, ist die Konservierung während der Lagerzeit sicher. Wenn eine Menge gelagerter Körner oder Samen erhitzt wird, werden sie schimmelig, haben gekeimte Körner auf der Oberfläche und schließlich kommt es zu Fäulnis, wie Navarro und Noyes (2002) berichten.

Bohnen unterliegen physiologischen und biochemischen Veränderungen, die ihre Qualität während der Lagerung verändern, sowohl für die Verwendung als Saatgut als auch für den Verzehr als Lebensmittel. Santos et al. (2005) untersuchten diese Veränderungen bei Bohnensamen, die unter unkontrollierten Umweltbedingungen (Temperatur und relative Luftfeuchtigkeit) gelagert wurden, und kamen zu dem Schluss, dass es Sorten gibt, die unterschiedlich gut in der Lage sind, ihre physiologische Qualität während der Lagerung zu erhalten.

Nach Barreto und Demito (2009) sind die Temperatur und der Wassergehalt die beiden entscheidenden Faktoren für die Erhaltung der Saatgutqualität während der Lagerung. Künstliche Kühlung kann geeignete Bedingungen für die Lagerung von Saatgut schaffen, da sie es ermöglicht, kalte Luft durch die Saatgutmasse zu blasen und die Temperatur niedrig zu halten, um den Befall und die Entwicklung von Pilzen zu verhindern, unabhängig von der geografischen Region.

Die Abkühlung der Kornmasse ist ein Phänomen der Ausbreitung einer Kühlfront. Die abgekühlte Zone schreitet mit der konsequenten Abnahme der zu kühlenden Zone voran. Der Austausch zwischen der Luft und dem Korn findet in einer Schicht von begrenzter Dicke statt, die als Kühlzone bezeichnet wird. Die Geschwindigkeit, mit der sich die Abkühlung durch das Korn ausbreitet, d.h. die Geschwindigkeit, mit der die Kühlzone voranschreitet, ist proportional zur scheinbaren Geschwindigkeit der Luft (LASSERAN, 1981).

Nach Silva et al. (2000) ist die Belüftung daher eine weit verbreitete Technik zur Vermeidung von Problemen im Zusammenhang mit der Konservierung von gelagertem Getreide. Ihre Hauptziele sind: Kühlung, Temperaturausgleich, Verhinderung von Erhitzung und Befeuchtung sowie Förderung der Beseitigung von Gerüchen aus der

Getreidemasse.

Maier und Navarro (2002) erwähnen, dass die künstliche Kühlung in den letzten 40 Jahren in mehr als 50 Ländern angewendet wurde. Der Einsatz konzentrierte sich vor allem auf Getreide, das zur Bildung von Wärmenestern neigt, wie Soja- und Maiskörner, und auf die Erhaltung der Qualität von Produkten mit hohem Mehrwert, wie Saatgut im Allgemeinen.

In Brasilien entstand die künstliche Massenkühlung als Reaktion auf die Nachfrage nach Lagerungslösungen. In den 1980er und Mitte der 1990er Jahre wurden mehrere Versuche unternommen, Saatgut mit statischen und mobilen Geräten künstlich zu kühlen. Zu Beginn dieses Jahrhunderts kam ein neuer Vorschlag auf, der darauf abzielte, die Keimung und Vitalität des Saatguts während der Lagerung zu erhalten, indem eine dynamische Saatgutkühlung eingesetzt wurde (BARRETO; DEMITO, 2009).

Demito und Afonso (2009) betonen, dass bei der Lagerung in Säcken das Saatgut nach dem Verarbeitungsprozess in geeigneten Silos künstlich gekühlt wird, was durch dynamische oder statische Kühlung erfolgen kann, und sofort in Säcke verpackt und in Blöcken gestapelt in einem herkömmlichen Lagerhaus gelagert wird. Bei der Lagerung in loser Schüttung wird das Saatgut in geeigneten Silos auf statische Weise künstlich gekühlt, wobei es im Silo selbst gelagert bleibt.

Nach Baudet (2006) kann Saatgut unter kontrollierten Bedingungen von Temperatur und relativer Luftfeuchtigkeit über lange Zeiträume gelagert werden. In konventionellen Lagern, die für die Lagerung von Saatgut in Säcken geeignet sind, kann die Umgebungsluft in Regionen mit überwiegend heißem Klima oder Temperaturen über 20°C durch künstliche Kühlung abgekühlt werden. Die Verwendung von Kaltluft zur Saatgutkonservierung ermöglicht es, die physiologische Qualität des Saatguts während der Lagerzeit zu erhalten und den Befall mit Lagerpilzen zu verringern.

Nach Bragantini (2005) sind Bohnen, die in Silos oder Säcken gelagert werden, eine poröse Masse, die aus Körnern und Zwischenräumen besteht. Der Sauerstoff in diesen Zwischenräumen wird für den Atmungsprozess des Korns genutzt, der mit einer Verschlechterung der Nährstoffe einhergeht. Die Geschwindigkeit der Zersetzung und des Atmungsprozesses während der Lagerung hängt von der Temperaturerhöhung und dem Wassergehalt der Körner ab. Wenn der Wassergehalt der gelagerten Körner zwischen 11 und 13 Prozent liegt, bleibt der Atmungsprozess gering, wodurch die Qualität des gelagerten Produkts erhalten bleibt. Steigt der Wassergehalt jedoch an, beschleunigt sich der Atmungsprozess und die Qualität der Körner nimmt ab.

Navarro et al. (2002) wiesen darauf hin, dass die herkömmliche Belüftung der Samen mit kalter Umgebungsluft darauf abzielt, sie abzukühlen, die Temperatur auszugleichen und eine biologische Erwärmung der Masse zu verhindern.

Rigueira et al. (2009) bewerteten die Erhaltung der Qualität von Bohnen (*Phaseolus vulgaris* L.) durch künstliche Kühlung der Masse während der Lagerung in einem Kühlraum bei 15 ± 5 °C. Sie bewerteten Produkte mit unterschiedlichem Wassergehalt und kamen zu dem Schluss, dass die Kühllagerung eine wirksame Methode zur Erhaltung der physikalisch-chemischen Eigenschaften von Bohnen über einen Zeitraum von 120 Tagen ist.

Daher können Temperatur- und Wassergehaltsmessungen an verschiedenen Stellen in der Getreidemasse während eines Belüftungsprozesses ein wichtiges Instrument für die Entwicklung und Bewertung von Bekämpfungsstrategien sein, um das Getreide gesund zu erhalten und die Kosten für chemische Behandlungen gegen Insekten und Pilze zu senken.

Ordónez (2005) erklärte, dass die Geschwindigkeit chemischer und enzymatischer Reaktionen mit der Temperatur logarithmisch abnimmt. Daher verringert die Kühlung die Geschwindigkeit chemischer und enzymatischer Reaktionen und ermöglicht es, den Verlust der Lebensmittelqualität zu kontrollieren, der sich aus der physiologischen Aktivität und anderen chemischen Reaktionen ergibt: Oxidation von lipiden, Abbau von Pigmenten und Vitaminen, Denaturierung von Proteinen und anderen.

Ribeiro et al. (2005) stellten fest, dass die längere Lagerzeit zu einem Rückgang der Kornfeuchte, einem Anstieg des Aschegehalts, einer Beibehaltung des Protein-, Lipid- und Kohlenhydratgehalts sowie zu Veränderungen des elektrophoretischen Profils des Proteins, einem Rückgang des Wasserstoffpotenzials und der Löslichkeit in 30 und 60 Tage gelagerten Kornproben führte.

Hellevang (2005) führte in den Vereinigten Staaten eine Untersuchung durch, die eine Vielzahl von Nachernteverfahren der Bohnenproduzenten aufzeigte und mit der Qualität des Produkts verglich. Ziel dieser Untersuchung war es, die wichtigsten Faktoren zu ermitteln, die zum Verderben der Bohnen beitragen, und die Auswirkungen des Wassergehalts der Ernte, der Exposition gegenüber ultraviolettem Licht, der Lagertemperatur und der Feuchtigkeit zu quantifizieren. Bohnenkerne, die bei einer Luftfeuchtigkeit von 16 % gelagert wurden und sowohl ultraviolettem Licht als auch einem tageslichtähnlichen Lichtspektrum ausgesetzt waren, verdunkelten sich einige Wochen nach der Ernte rasch. Die Nachdunkelung ist zu Beginn der Lagerzeit stärker ausgeprägt.

Dies zeigt, dass es notwendig ist, die Lichtexposition während oder sogar vor der Lagerzeit zu minimieren. Höhere Lagertemperaturen führten zu einer schnelleren Braunfärbung der gelagerten Bohnen. Bei dem Versuch wurden auch Farbveränderungen an der Schale festgestellt, die ins Rote tendierten, insbesondere wenn die Bohnen bei höherer Temperatur und höherer Luftfeuchtigkeit gelagert wurden. Die Kochzeit, ein weiteres im Versuch gemessenes Qualitätsmerkmal, nahm bei Bohnenproben, die bei höherer Luftfeuchtigkeit und höheren Temperaturen gelagert wurden, deutlich zu. Die Ergebnisse zeigen, dass es äußerst wichtig ist, Bohnen bei niedrigeren Temperaturen zu lagern, um sowohl die Kochqualität als auch die Farbe zu erhalten. Die Kühlung sollte so bald wie möglich nach der Ernte unter Verwendung von Belüftung erfolgen.

Kaur und Singh (2007) stellten fest, dass Bohnen, die dem HTC-Effekt unterzogen wurden, im Vergleich zu normalen Bohnen einen Anstieg der Texturparameter Härte, Elastizität, Kohäsivität, Gummigkeit und Kaukraft aufwiesen. Nach Ansicht der Autoren sind Lagerungsmethoden wie künstliche Kühlung und Schutzatmosphäre vielversprechende Verfahren, die in Zeiten eines größeren Angebots und niedriger Preise ein hervorragendes Kosten-Nutzen-Verhältnis bieten.

Die Widerstandsfähigkeit gegen das Kochen wird durch verschiedene Arten der Kernhärte verursacht. So bezeichnet der Begriff Hartschale (HS) einen Zustand, bei dem reife, trockene Samen bei Befeuchtung innerhalb eines angemessenen Zeitraums kein Wasser aufnehmen (LEMOS et al., 1996). Der Begriff HTC wird verwendet, um einen Zustand zu beschreiben, bei dem die Samen eine längere Kochzeit benötigen, um weich zu werden, selbst nach längerem Kochen in kochendem Wasser. HS kennzeichnet die Undurchlässigkeit der Samenschale für Wasser, während HTC mit dem Nichterweichen des Keimblatts während des Kochens verbunden ist, auch wenn der Samen Wasser aufnimmt (BOURNE, 1967; VINDIOLA et al., 1986).

Kigel (1999) beschrieb, dass das Auftreten von HS begünstigt wird, wenn die Lagerung bei hohen Temperaturen und niedriger relativer Luftfeuchtigkeit erfolgt, und HTC vor allem bei Lagerbedingungen mit hohen Temperaturen und hoher relativer Luftfeuchtigkeit auftritt. Infolgedessen äußert sich der Qualitätsverlust während der Lagerung in einer Erhöhung des Härtegrades der Bohnen, einer Verlängerung der Kochzeit, einer Veränderung des Geschmacks und einer Verdunkelung der Haut (RIOS et al., 2002).

Ein weiterer Aspekt, der bei der Vermarktung von Sojabohnen als kritisch und entscheidend angesehen wird, ist ihr Aussehen. Bei Soja kann es nach Sinclair (1995) während der Lagerung zu Farbveränderungen des Produkts kommen, die hauptsächlich auf biologische Faktoren, insbesondere auf das Vorhandensein von Pilzen, zurückzuführen sind. Die Verfärbung von Sojabohnen, die auf Pilze zurückzuführen ist, wird von den U.S. Official Standards mit der Qualität in Verbindung gebracht (WILSON et al., 1995), und dieser Prozess ist auch ein Hinweis auf physikalische oder chemische Veränderungen, das Vorhandensein von Metaboliten oder andere ungünstige Eigenschaften (SINCLAIR, 1992).

3.2. Der Einfluss künstlicher Kühlung auf die Erhaltung der Qualität von Getreide und Saatgut während der Lagerung sowie auf die Bekämpfung von Schadinsekten und Pilzen

Der Verfall von Saatgut ist ein fortschreitender Qualitätsverlust, der auf physiologische Prozesse und/oder Krankheitserreger zurückzuführen ist. Insekten, Pilze und Milben sind die wichtigsten phytopathogenen Erreger, die gelagertes Saatgut befallen. Große Verluste können auch durch Ratten oder Vögel verursacht werden (LUCCA FILHO, 2006).

Bei der Lagerung ist eine Getreidemasse der Einwirkung verschiedener Faktoren wie Feuchtigkeit, Sauerstoff, assoziierten Organismen, Enzymen und anderen ausgesetzt. Diese Faktoren können die Zersetzung des Getreides fördern und sind proportional zu den spezifischen Eigenschaften und Merkmalen des Getreides. Zu diesen Merkmalen gehören die Art der Hülle, die chemische Zusammensetzung und die zelluläre Anordnung der Körner (LORINI et al., 2002; ELIAS, 2008).

Nach Fagundes et al. (2005) kommt es bei der Lagerung neben den Veränderungen, die sich aus dem Stoffwechsel des Getreides selbst ergeben, auch zum Stoffwechsel der assoziierten Mikroorganismen, vor allem der Pilze, deren Hauptschäden in der Veränderung der Farbe des Getreides, dem Verlust von Nährstoffreserven bestehen, Veränderungen der Struktur von Kohlenhydraten, Lipiden, Proteinen und Vitaminen, die Bildung von Toxinen, die Erhitzung der Getreidemasse, die Ausdünstung unangenehmer Gerüche und das Vorhandensein der Mikroorganismen selbst, was zu einer Verringerung der Keimfähigkeit und der Vitalität der Samen und zu einer Zunahme der Kornfehler führt.

Ordónez (2005) betonte, dass je höher der Wassergehalt im Getreide ist, desto geringer ist die Stabilität des Erzeugnisses und desto anfälliger ist es für eine Verschlechterung durch die Einwirkung von Mikroorganismen (Bakterien, Hefen und Schimmelpilze) sowie durch enzymatische und nicht-enzymatische chemische Reaktionen, insbesondere bei Ölsaatenkörnern durch Lipidoxidation.

Einige physikalische Faktoren (Temperatur, Feuchtigkeit und mechanische Beschädigung) und biologische Faktoren (Insekten, Milben und Mikroorganismen) beeinflussen die Konservierung von gelagertem Getreide. Der Wassergehalt hat einen großen Einfluss auf die Qualität des gelagerten Produkts. Getreide mit einem hohen Wassergehalt ist ein ideales Umfeld für die Entwicklung von Mikroorganismen, Insekten und Milben (PUZZI, 2000; LORINI et al., 2002; ELIAS, 2008).

Nach Lazzari (1997) und Scussel (2002) haben Pilze in gelagerten Samen und Körnern optimale Temperaturbereiche für ihre Entwicklung: *Aspergillus restrictus* und *Aspergillus glaucus* (30 bis 35°C), *Aspergillus flavus* (40 bis 45°C) und *Penicillium spp* (20 bis 25°C). Frisch geerntet haben die Körner einen Wassergehalt zwischen 14 und 20 Prozent und Temperaturen zwischen 22 und 35°C. Dies sind also günstige Bedingungen für eine Infektion und ein schnelles Pilzwachstum innerhalb weniger Stunden. Ein beträchtliches Pilzwachstum kann auftreten, ohne dass es visuell erkennbar ist.

Die Bohnenpflanze ist anfällig für den Befall durch zahlreiche Schädlinge, darunter auch solche, die Lagerbohnen befallen und im Volksmund als Bohnenkäfer bekannt sind (VIEIRA; YOKOYAMA, 2000). Der Bohnenkäfer *Zabrotes subfasciatus* (Coleoptera: Bruchidae) gilt als der Hauptschädling von Lagerbohnen in tropischen Regionen und kann laut Abreu (2005) auch in Regionen mit gemäßigtem und kaltem Klima vorkommen.

Die von *Zabrotes subfasciatus* während der Lagerung verursachten Schäden sind beträchtlich und resultieren allein aus dem Eindringen der Larven in das Innere der Körner und deren Fressen, was zu Gewichtsverlusten, einer Verringerung des Nährwerts und des Hygienegrads des Produkts führt und die Handelsqualität aufgrund der Anwesenheit von Insekten, Eiern und Exkrementen mindert (QUINTELA, 2002). Nach Angaben des Autors werden durch die Bildung von Gängen durch die Larven von *Z. subfasciatus* die Keimblätter zerstört, wodurch das Gewicht des Samens verringert und das Eindringen von Mikroorganismen und Milben begünstigt wird.

Die Wirkung von Insekten, die sich von Samen und Körnern ernähren, erleichtert das Eindringen von Pilzen in diese. Der große Unterschied zwischen Insekten- und Pilzbefall besteht darin, dass sich erstere in Samen mit geringem Wassergehalt entwickeln und die erwachsenen Tiere sich leicht in der Kornmasse bewegen (LUCCA FILHO, 2006).

Die Faktoren, die für die Besiedlung und Infektion von Saatgut durch Lagerpilze entscheidend sind, sind der Wassergehalt des Saatguts, die Temperatur und die Zeit. Die Zeit, d. h. die Verzögerung bei der Trocknung auf einen Wassergehalt oder die Abkühlung auf eine Temperatur, die die Entwicklung dieser Pilze verhindert. Der individuelle Wassergehalt der Samen, die relative Luftfeuchtigkeit und die Temperatur der Umgebung bestimmen die Gleichgewichtsfeuchtigkeit (MARCONDES et al., 2007).

Harrington (1959) schlug eine praktische Regel vor, nach der sich die Lebensdauer des Saatguts mit jedem Anstieg des Wassergehalts um 1 % halbiert und mit jedem Anstieg der Umgebungstemperatur um 5 °C ebenfalls halbiert. Diese Regel gilt für Wassergehalte zwischen 5 und 14 % und für Temperaturen zwischen 0 und 50 °C; unter 5 % Wassergehalt kann sich die Verfallsgeschwindigkeit durch die Autooxidation bestimmter Reservestoffe und über 14 % durch die Entwicklung von Pilzen erhöhen.

Nach Weber (1995) zeigen sich die Auswirkungen des Wassergehalts in der erhöhten Intensität der Atmung und der Pilzaktivität und infolgedessen in der Erhöhung der Temperatur. Der Wassergehalt und die zunehmende Intensität des Atmungsprozesses können zum Absterben der Körner führen, was bei einer Temperatur von 60 °C geschieht. Mit dem Absterben der Körner und der meisten Mikroorganismen und Insekten hört der Atmungsprozess auf, aber die chemischen Reaktionen gehen weiter, auch unter Freisetzung von Feuchtigkeit und Wärme, wodurch der Prozess fortgesetzt wird und die Masse die Verbrennungstemperatur erreichen kann.

Weber (2005) betonte auch, dass ein Temperaturanstieg in der Getreidemasse auf eine intensive biologische Aktivität an den Stellen hinweist, an denen ein Temperaturanstieg festgestellt wird, und die Masse daher behandelt werden muss. Die Belüftung durch Einblasen von Luft mit niedrigeren Temperaturen entfernt Wärmequellen und senkt die Temperatur der Körner, bevor sie auf sie einwirken, und verhindert so, dass sie gären oder verbrennen.

Unter den Methoden zur Erhaltung der Qualität von gelagerten Produkten ist die Anwendung niedriger Temperaturen eine vielversprechende Managementtechnik für gelagerte Körner. Die künstliche Kühlung von Getreide hat sich als eine Möglichkeit erwiesen, die Qualität des Getreides zu erhalten und Insekten in Regionen zu bekämpfen, in denen die natürliche Belüftung aufgrund des Klimas eingeschränkt ist. Die von den Geräten eingebrachte niedrige Temperatur verbleibt aufgrund des isolierenden Charakters oder der geringen Wärmedurchlässigkeit des Getreides über einen längeren Zeitraum in der Getreidemasse (LASSERAN, 1981).

Die Belüftung der gelagerten Samen- und Körnermasse zur Senkung der Temperatur ist wichtig, um ihre Qualität zu erhalten und den Verfall zu verringern (OLIVEIRA et al., 2007). Der niedrigere Wassergehalt der Samen oder Kerne und die Umgebung lähmen die Aktivität der Pilze während der Lagerung, aber einige können sich auch unter diesen Bedingungen vermehren. Eine Senkung der Temperatur der Körnermasse unter 15 °C kann die Aktivität von Wasser- und Schadinsekten und Pilzen verringern (SUN; BYRNE, 1998). Die Abkühlung der Getreidemasse durch Kaltluftklimatisierung kann in großem Maßstab effizient eingesetzt werden (LAZZARI et al., 2006). Diese Autoren berichteten, dass die Kaltluftinsufflation die Insekten in Reis, der 60 Tage lang gelagert wurde, kontrollierte.

Ordónez (2005) erläuterte, dass die konservierende Wirkung von Kälte auf der vollständigen oder teilweisen Hemmung der wichtigsten Agenzien beruht, die für die Veränderung von Lebensmitteln verantwortlich sind: das Wachstum und die Aktivität von Mikroorganismen, die metabolischen Aktivitäten von Pflanzengeweben nach der Ernte, Enzyme und chemische Reaktionen. Die Anwendung von Kälte ermöglicht es, die Haltbarkeit von Lebensmitteln über relativ lange Zeiträume zu verlängern, ohne ihre organoleptischen Eigenschaften zu beeinträchtigen. Lazzari et al. (2006) bestätigten dies, indem sie darauf hinwiesen, dass die Kühlung der Körner die physiologischen Verluste durch die Eigenatmung verringert, ihre Qualität erhält und sie vor der Entwicklung von Insekten schützt.

Barreto und Demito (2009) betonten, dass die Kühlung für die Erhaltung der Saatgutqualität sehr wichtig ist, da kalte, trockene Samen die Entwicklung der wichtigsten Pilze, Bakterien und Lagerinsekten verringern. Niedrigere Temperaturen reduzieren die Stoffwechselrate dieser Organismen und verhindern, dass sie das Saatgut schädigen.

Dies wurde auch von Navarro und Noyes (2002) bestätigt, die darauf hinwiesen, dass bei der Lagerung von Körnern und Saatgut bei niedrigen Temperaturen die Gefahr des Verderbens geringer ist und die Kälte die Auswirkungen des hohen Wassergehalts in Bezug auf die Entwicklung von Mikroorganismen, Insekten und Milben, die die gelagerten Körner befallen, ausgleichen kann.

Nach Elias (2008) hängen die Art der Pflege, ihre Periodizität und Intensität von den Ergebnissen ab, die während der Lagerzeit beobachtet werden, sowie von den Qualitätskontrollmaßnahmen, die in Tests durchgeführt werden, bei denen Faktoren wie Schwankungen der relativen Luftfeuchtigkeit und der Lufttemperatur, der Feuchtigkeit und der Temperatur des Getreides sowie die Bewertung des Entwicklungsgrades von Mikroorganismen, Insekten und Milben, das Vorhandensein von Nagetieren und die Schwankungen des Säuregehalts des Öls u. a. berücksichtigt werden müssen.

Noyes und Navarro (2002) stellten fest, dass Insekten in kalten Klimaregionen keine größeren Probleme verursachen, da sie sich bei Temperaturen unter 20 °C nicht zufriedenstellend entwickeln. Sie berichteten, dass im tropischen Teil der Erde die

Umgebungstemperatur 12 Monate im Jahr über 20°C liegt, und in subtropischen Regionen schwankt die Umgebungstemperatur 4 bis 12 Monate lang zwischen 10 und 20°C. In kalten Regionen liegt die Temperaturspanne zwischen 10 und 20 °C über einen Zeitraum von 1 bis 4 Monaten.

Nach Navarro et al. (2002) sind die meisten Insekten, die gelagertes Getreide befallen, tropischen und subtropischen Ursprungs und haben sich durch die Dynamik der Kommerzialisierung landwirtschaftlicher Produkte verbreitet. Da sie ihre Körpertemperatur nicht kontrollieren können, nehmen ihre Vermehrung und Entwicklung mit steigender Temperatur innerhalb bestimmter Grenzen zu. Folglich werden die meisten von ihnen bei niedrigen Temperaturen (10 bis 15 °C) inaktiv und sterben bei niedrigeren Temperaturen (0 bis 5 °C) ab. Die Überlebensrate von *Tribolium castaneum* vom Ei bis zum erwachsenen Tier ist bei Temperaturen zwischen 25 und 27,5 °C hoch und bei Temperaturen darunter stark reduziert. Die Autoren erwähnen auch, dass die Eierproduktion je nach Insektenart, Temperatur, Wassergehalt des Getreides und Verfügbarkeit und Qualität der Nahrung variiert.

Alencar et al. (2009) stellten fest, dass die scheinbare spezifische Masse von Sojabohnen unabhängig vom analysierten Wassergehalt bei einer Temperatur von 20 °C praktisch konstant blieb. Bei 40 °C beobachteten sie eine Verringerung der scheinbaren spezifischen Masse von Sojabohnen, die mit einem Wassergehalt von 14,8 % gelagert wurden, nach 45 Tagen Lagerung. Dieses Ergebnis bestätigt die Zunahme der Stoffwechselaktivität der Bohnen aufgrund des hohen Wassergehalts bei 40 °C, Dieses Ergebnis bestätigt die erhöhte Stoffwechselaktivität der Körner aufgrund des hohen Wassergehalts bei 40°C, weshalb es zu einer beschleunigten Entwicklung von Pilzen kam und sie nach 180 Tagen eine hohe Inzidenz von *Aspergillus glaucus* (87 %) feststellten, was zu einem höheren Prozentsatz an verbrannten Körnern führte, was nach Ansicht der Autoren zur Verringerung der scheinbaren spezifischen Masse beigetragen haben könnte. Muir und White (2000) stellten fest, dass der optimale Temperaturbereich für die Entwicklung der meisten Mikroorganismen zwischen 20 und 40 °C liegt.

Nach Caneppele (2003) ist die Steuerung der Temperatur der Getreidemasse auch eine physikalische Maßnahme zur Insektenbekämpfung, die üblicherweise durch Belüftung mit natürlicher Kaltluft erfolgt. In vielen Regionen Brasiliens ist die atmosphärische Luft jedoch selbst nachts nicht kalt genug, um die Kühlung der Silos durch Belüftung zu ermöglichen. Nach Angaben desselben Autors wurde die künstliche Kühlung der Getreidemasse erfolgreich angewandt, in der Regel in Verbindung mit einer angemessenen Reinigung der

Lagerstruktur.

Auch nach Caneppele (2003) ist die Kühlung durch das erzwungene Einblasen von kalter Luft eine wirksame Technologie zur Senkung der Temperatur der Getreidemasse auf einen sicheren Bereich von ca. 15°C, wodurch die Entwicklung von Insektenpopulationen verhindert und diese für einen langen Zeitraum unterdrückt werden und die physische und gesundheitliche Qualität des Produkts erhalten bleibt.

3.3. Die Bedeutung der Bewertung der physiologischen Qualität der Körner

Die physiologische Qualität von Körnern und Samen ist zum Zeitpunkt der physiologischen Reife am höchsten. Von diesem Zeitpunkt an setzen degenerative Prozesse physikalischer, physiologischer oder biochemischer Art ein, die den Verfall kennzeichnen.

Nach Santos et al. (2004) wird unter Verschlechterung jede degenerative Veränderung verstanden, nachdem das Saatgut seine maximale Qualität erreicht hat, und die Mechanismen, die für diese Veränderungen verantwortlich sind, sind noch nicht vollständig erforscht. Die Empfindlichkeit des Saatguts gegenüber dem Verfallsprozess in einer bestimmten Umgebung wird auf seine genetische Ausstattung zurückgeführt. Darüber hinaus sind die Temperatur und die relative Luftfeuchtigkeit während der Lagerung von großer Bedeutung für die Entwicklung des Verderbs, das sich zwar nicht vermeiden, aber durch Lagerung unter geeigneten Bedingungen minimieren lässt.

Dieselben Autoren betonen, dass die Verschlechterung des Saatguts die Vitalität des Saatguts verringert und daher zu Saatgut von geringerer physiologischer Qualität führt. Die Verschlechterung tritt jedoch allmählich ein und manifestiert sich im Saatgut in einer Abfolge von Ereignissen biochemischen oder physiologischen Ursprungs, wie z. B. die Schädigung der Membranpermeabilitätssysteme, die zu den ersten Ereignissen der Verschlechterung gehört und in engem Zusammenhang mit einem Anstieg der Atmungsrate des Gewebes, Veränderungen der enzymatischen Aktivität, einer Verringerung der Gewebereserven, einem Rückgang der Keimungsgeschwindigkeit und -kapazität sowie einer Verringerung des Wachstums normaler Keimlinge steht.

Die Qualität der Körner ist ein wichtiger Parameter für die Vermarktung und Verarbeitung und kann den Wert des Produkts beeinflussen. Trotz aller Technologie, die der brasilianischen Landwirtschaft zur Verfügung steht, sind die qualitativen und quantitativen Verluste, die während des Nachernteprozesses entstehen, immer noch nicht gut kontrolliert, und während der Lagerung ist die Körnermasse ständig äußeren Faktoren ausgesetzt (FARONI et al., 2009).

Wie Tillmann (2006) berichtet, hängt das Lagerungspotenzial von der Ausgangsqualität des Saatguts und der Umgebung ab, in der die Partie gelagert wurde. Wüchsigeres Saatgut sollte im Vergleich zu weniger wüchsigem Saatgut unter gleichen und mäßig ungünstigen Lagerbedingungen am Ende des Zeitraums eine bessere Qualität aufweisen. Außerdem sei der Keimtest nicht geeignet, den Qualitätsverlust des Saatguts während der Lagerzeit festzustellen. Abbildung 1 zeigt, dass der Verlust der Keimfähigkeit die letzte Konsequenz des Verschlechterungsprozesses ist.

---- MAH RIDADE ----

▼

Degeneration der Membranen

▼

Verringerung des Atmungs- und Biosynthesealters

▼

Langsame Keimung

▼

Verringerung des Potenzials für eine Verschmelzung

▼

Verringerung der Wachstums- und Entwicklungsrate

▼

Geringste Uniformität

▼

Größere Sensibilität für Widrigkeiten

▼

Reduzierung des Pflanzenwachstums auf dem Feld

▼

Abnormale Planformen

▼

Verlust der Verfügungsgewalt

▼

---- DEATH ----

Quelle: Tillmann (2006).

Abbildung 1 - Physiologische Erscheinungsformen des Saatgutverderbsprozesses.

Nach Tillmann (2006) bestehen bei günstigen Umweltbedingungen auf dem Feld oder im Lager im Allgemeinen keine ernsthaften Bedenken hinsichtlich der Zuverlässigkeit der im Labor erzielten Ergebnisse. Weichen die Umweltbedingungen jedoch von den am besten geeigneten ab, wird die Kohärenz der zur Bestimmung des physiologischen Potenzials verwendeten Methodik immer wichtiger. Die Wuchskraft kommt unter suboptimalen Bedingungen zum Ausdruck und variiert je nach Art und Sorte, Temperatur, Wassergehalt, Bodenbeschaffenheit und -zustand sowie Bewirtschaftungspraktiken. Es besteht kein Zweifel daran, dass wüchsige Partien eher erfolgreich sind, wenn sie einem breiten Spektrum von Umweltbedingungen ausgesetzt sind.

Nach Alves et al. (2004) spiegelt die Vitalität eine Reihe von Faktoren wider, die das physiologische Potenzial des Saatguts bestimmen, und der Prozess der Verschlechterung, der dieses direkt beeinflusst, beginnt unmittelbar nach der physiologischen Reife und setzt sich fort, während das Saatgut auf dem Feld verbleibt, während der Ernte, der Verarbeitung und der Lagerung.

Ribeiro et al. (2007) stellten fest, dass sich das Erzeugnis selbst während der Lagerung allmählich, unumkehrbar und kumulativ verschlechtert. Die Geschwindigkeit der Verschlechterung hängt von der Umgebung, den eigenen chemischen Komponenten und dem physischen Zustand der Bohnen zu Beginn der Lagerung ab.

Ribeiro et al. (2005) stellten unter anderem fest, dass die längere Lagerzeit zu einer Abnahme des Wassergehalts der Bohnenkerne, einer Zunahme des Aschegehalts, einer Beibehaltung des Protein-, Lipid- und Kohlenhydratgehalts sowie zu Veränderungen des elektrophoretischen Profils der Proteine, einem Abfall des pH-Werts und der Löslichkeit in Bohnenproben führte, die 30 und 60 Tage gelagert wurden.

4. MATERIALIEN UND METHODEN

Der Versuch wurde mit Bohnen der Sorte Pérola aus derselben Partie durchgeführt, die auf der Farm Vale Verde in der Gemeinde Unai, Minas Gerais, geerntet wurden.

Nach Yokoyama et al. (1999) hat die Bohnensorte Pérola, die zur Handelsgruppe Carioca gehört, eine hellbeige Farbe mit hellbraunen Streifen, einen undurchsichtigen Glanz und ein Gewicht von 27 g pro 100 Samen.

Die Ergebnisse der folgenden Analysen: Wassergehalt, Keimfähigkeit, elektrische Leitfähigkeit, Aschegehalt, scheinbare spezifische Masse, Wasserstoffpotenzial, Kochzeit, Farbe und Verlust an Trockenmasse wurden im Labor für Getreidequalität der Abteilung für Agrartechnik der Bundesuniversität von Viçosa, Minas Gerais, analysiert.

Für die Lagerung wurden zwei Silos mit den gleichen Merkmalen verwendet, mit einem Durchmesser von 6,0 m und einer Höhe von 6,0 m. Sie hatten eine Lagerkapazität von etwa 112 Tonnen und ein Volumen von 169,64 m^3. Die Silos hatten perforierte Wände und waren mit einem vertikalen Kanal in der Mitte der Silos und einer radialen Luftverteilung im Inneren ausgestattet. Die Merkmale der Silos waren:

- Vertikaler perforierter Zentralkanal zur radialen Luftverteilung, ausgestattet mit einem Luftstromregelventil.

- Die Seitenwände bestehen aus Holzpaneelen und perforierten Metallbindern.

- Entleerungsklappe, die mit Hilfe von Zahnstangen betätigt wird.

- Abgeschrägter Boden, bedeckt mit Beton.

- Lagerkapazität ca. 1.866 Säcke à 60 kg oder 112 Tonnen.

Zur Überwachung der Temperatur der Getreidemasse wurden im Inneren der Silos Kupfer-Konstatam-Thermoelemente (Typ T) nach der Spezifikation AW 2-22 installiert. Die Temperatursensoren wurden in einem Abstand von 1,0 m vom Boden, 3,0 m vom Boden und 1,0 m von der Oberfläche der Silos installiert. Auf jeder dieser Höhenstufen wurden drei Sensoren an den folgenden Positionen angebracht:

- 0,10 m vom zentralen Luftverteilerkanal entfernt;

- 1,5 m vom zentralen Luftverteilungskanal und - 0,10 m von der Wand des Silos.

Abbildung 2 zeigt die Position der Thermoelemente in den einzelnen Silos, in denen das Produkt gelagert wurde. Die der Kühlung unterworfene Getreideschicht betrug etwa 3 m (Radius des Silos).

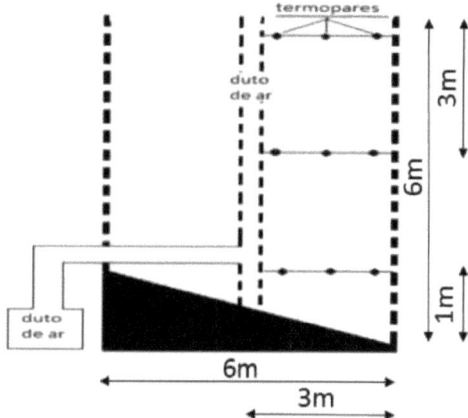

Figura 2 - Darstellung des Silos, mit Kennzeichnung der Punkte, an denen die Temperaturmessungen in der Getreidemasse mit Thermoelementen vorgenommen wurden.

Um die Temperatur der gelagerten Getreidemasse zu messen, wurde ein digitales Thermometer an den Thermoelementen angebracht, wie in Abbildung 3 zu sehen ist.

Die Thermoelemente wurden installiert, indem die erforderliche Länge des Thermodrahtes gemessen wurde, wobei der Punkt, an dem die Temperatur der Getreidemasse im Silo überwacht wurde, bis zum Punkt der Ablesung auf dem digitalen Thermometer an der Außenseite des Silos berücksichtigt wurde. Jedes Thermoelement hatte aufgrund seiner Lage im Silo eine andere Länge. Am Ende des Thermoelementes, das im Silo verblieb, wurde etwa 1 cm der Thermoelementisolierung entfernt und eine Schweißnaht angebracht, wie in Abbildung 4 dargestellt, um den Temperaturanschluss zu erhalten.

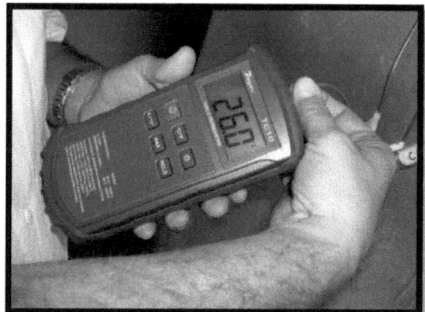

Figura 3 - Digitales Thermometer mit angeschlossenem Thermoelement, das die Temperatur im Inneren des Silos anzeigt.

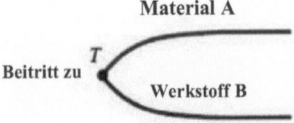

Figura 4 - Darstellung eines Thermoelementes zur Temperaturmessung, das aus zwei Materialien (Kupfer und Konstantan) besteht.

An der Außenseite des Silos wurde am Ende des Thermoelements ein T-Stecker angebracht, wie in den Abbildungen 5 und 6 dargestellt. Dieser Stecker erleichterte den Anschluss des Thermoelements an das zur Temperaturmessung verwendete Digitalthermometer.

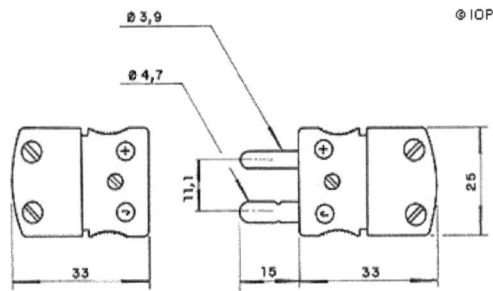

Quelle: IOPE.

Figura 5 - Vorder- und Seitenansicht des Thermoelementanschlusses mit seinen Abmessungen.

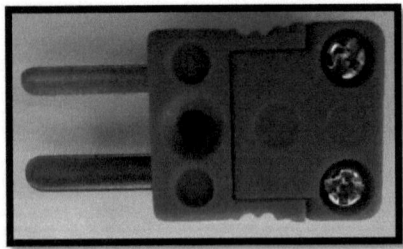

Figura 6 - Polarisierter Thermoelementanschluss.

Dieser Stecker ist eine praktische und effiziente Möglichkeit, den Draht mit dem

Messgerät, in diesem Fall dem Digitalthermometer, zu verbinden. Er besteht aus der gleichen Legierung wie das Thermoelement, um Temperaturgradienten auszugleichen, die Messfehler verursachen könnten. Außerdem ist er gepolt, d. h. der negative Stift ist etwas breiter als der positive Stift, um eine Verpolung zu verhindern.

Wie beschrieben war jedes Silo mit 9 Thermoelementen ausgestattet, die im Inneren installiert waren. Sie waren mit den Bezeichnungen A, B, C, D, E, F, G, H und I sowie mit der Nummer des jeweiligen Silos versehen, die von 1 bis 2 reichte, wie in Abbildung 7 zu sehen ist. Die beobachteten Ergebnisse wurden in einer Tabelle festgehalten, die das Datum und die Uhrzeit der Ablesung, die relative Luftfeuchtigkeit und die Temperatur der an jedem Thermoelement gemessenen Getreidemasse enthielt.

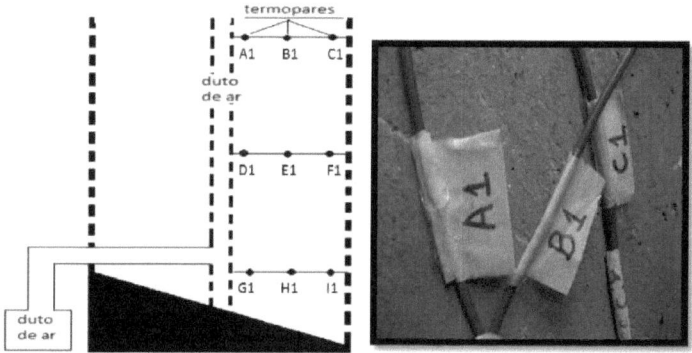

Figura 7 - Lokalisierung und Identifizierung von Thermoelementen im Lagersilo.

Die Temperatur und die relative Luftfeuchtigkeit der Umgebungsluft wurden während der Versuchsphase mit einem Thermohygrographen überwacht, der in einem meteorologischen Schutzraum auf dem Versuchsgelände installiert war und den Normen des Nationalen Meteorologischen Instituts (INMET) entsprach.

Zur Kühlung der Körnermasse wurde eine Anlage zur künstlichen Kühlung der Umgebungsluft verwendet, die von *Cool Seed* Ind. e Com. de Equipamentos de Refrigeração Ltda. entwickelt wurde, Modell PCS 80, mit einer Kühlleistung von 111 kW, die auf 6 Silos gleichzeitig verteilt wird. Das Modell ist in Abbildung 8 zu sehen. Dieses Gerät wurde an einen gemauerten Kanal angeschlossen, der die Luft an die Silos verteilt und gleichzeitig an die Versorgungsleitung angeschlossen ist. Die Luft aus der Anlage wurde mit einer durchschnittlichen Temperatur von 15°C in die Silos geblasen.

Abbildung 8 - Kühlgerät Modell PCS 80, hergestellt von Cool Seed.

Abbildung 9 zeigt die Orthogonalansichten der zur Kühlung der Getreidemasse verwendeten Geräte sowie die vom Hersteller angegebenen Abmessungen.

In der Phase der Produktkonservierung wurden die Schwankungen der Innentemperaturen in der Masse der Kerne während der 90-tägigen Lagerung bewertet (mithilfe von Thermoelementmessungen). Während dieser Zeit wurden die Kerne anhand von Labortests qualitativ bewertet.

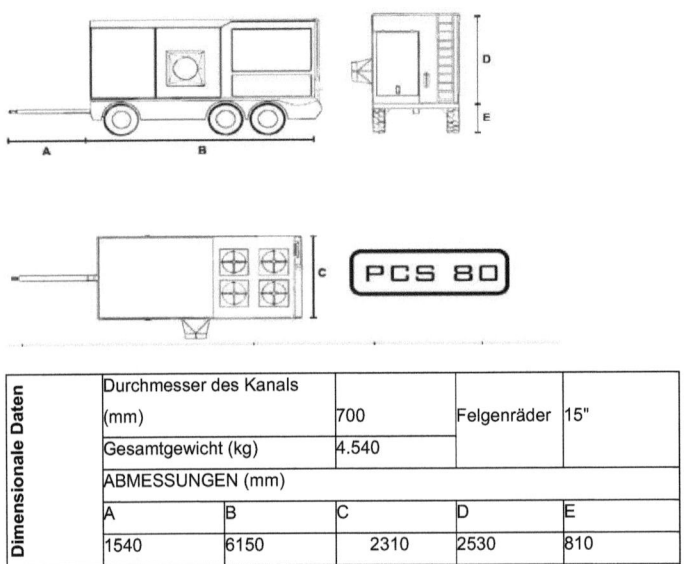

Dimensionale Daten	Durchmesser des Kanals (mm)	700	Felgenräder	15"
	Gesamtgewicht (kg)	4.540		
	ABMESSUNGEN (mm)			
	A	B	C	D	E
	1540	6150	2310	2530	810

Quelle: Cool Seed.

Abbildung 9 - Seiten-, Front- und Draufsicht des PCS 80 und Maßangaben zum Gerät.

Auf der Grundlage der aus den Thermoelementmessungen gewonnenen Daten wurde ein mathematisches Modell (Gleichung) zur Beschreibung der Getreidemassetemperaturen an den verschiedenen Stellen des Lagersilos entwickelt. Mit Hilfe der Thermoelementmessungen konnten die Temperaturen der Getreidemasse in radialer Richtung und auf verschiedenen Höhen (Ebenen) im Silo gemessen werden, wodurch das Verhalten der Luftverteilung und die Aufrechterhaltung der Temperatur der Getreidemasse überprüft werden konnten. Der statistische Levene-Test wurde verwendet, um die Homogenität der Varianzen dieser Ergebnisse zu überprüfen. Anschließend wurde der statistische Test Games-Howell angewandt, der verwendet wird, wenn nicht davon ausgegangen wird, dass die Varianzen zwischen den Gruppen gleich sind.

Für die Analysen der Qualität der gelagerten Bohnen wurde ein 4x4 faktorielles Design mit unterschiedlichen Lagerbedingungen (15°C, 30°C, Raumtemperatur und im Betrieb) in den Parzellen und der Lagerdauer (0, 30, 60 und 90 Tage) in den Unterparzellen in einem vollständig randomisierten Design (DIC) mit 6 Behandlungen berücksichtigt:

- Temp - 15: Lagerung im BSB bei 15°C und 58 ± 2% RH;
- Temp - 30: Lagerung im BSB bei 30°C und 58 ± 2% RH;
- Umgebungstemperatur: Lagerung bei Raumtemperatur und 58 ± 2 % RH;
- Temp - faz: Lagerung in den Silos des Betriebs bei 19 ± 2°C und 55 ± 2% RH.

Es wurde eine Varianzanalyse (ANOVA) durchgeführt und die Mittelwerte wurden mit dem Tukey-Test auf einem Signifikanzniveau von 5 % verglichen.

Gemäß der Normativen Anweisung 13 vom 10. Februar 2004 des Ministeriums für Landwirtschaft, Viehzucht und Versorgung wurden viermal Proben aus den Silos entnommen: nach 0, 30, 60 und 90 Tagen Lagerung. Aufgrund des Fassungsvermögens des Lagersilos von 112 Tonnen wurden 30 Einzelproben (Unterproben) von je 0,5 kg entnommen, die eine Mischprobe von 15 kg ergaben.

Es wurde ein Boener-Probenteiler verwendet. Dieser Teiler wurde verwendet, weil er die Pellets durch Schwerkraft bewegt und aus einem einzigen Trichter besteht, in dem die Pellets deponiert werden. Dieser Trichter verfügt über ein Ventil, mit dem der Fluss der Körner gesteuert werden konnte. Die Körner wurden gleichmäßig verteilt und die Probe wurde homogenisiert und in gleiche Teile aufgeteilt.

Das Produkt wurde in Kraftpapiersäcke mit einem Fassungsvermögen von 5 kg verpackt, in einen 0,05μ-Plastikbeutel eingewickelt, ordnungsgemäß versiegelt und etikettiert.

Die Proben wurden homogenisiert und zu einer Arbeitsprobe von 1 kg zerkleinert, in der die Laboranalysen nach einer Lagerzeit von 0, 30, 60 und 90 Tagen durchgeführt wurden.

4.1. Wassergehalt

Es wurde die offizielle Ofenmethode mit erzwungener Luftzirkulation bei einer Temperatur von 105 ± 2°C für 24 Stunden mit drei Wiederholungen gemäß der in den Regeln für Saatgutanalysen - RAS (BRASIL, 2009) beschriebenen Routine angewendet.

Der prozentuale Wassergehalt wurde anhand der folgenden Formel berechnet:

$$Wassergehalt = \frac{100\ (M - m)}{M - t}$$

in denen:

M = Anfangsmasse der nassen Samen und des Behälters, in dem sie sich befinden;

m = Endmasse des Behälters und der trockenen Samen;

t = Tara, Masse des Behälters.

Die Gewichte wurden auf einer digitalen Waage mit einer Auflösung in Milligramm ermittelt. Die Ergebnisse wurden als Prozentsatz der feuchten Basis ausgedrückt.

4.2. Keimung

Sie wurde in Übereinstimmung mit den Empfehlungen in den Regeln für die Saatgutanalyse RAS (BRASIL, 2009) durchgeführt. Die Keimung wurde auf Papierrollen mit vier Teilproben von 50 Samen durchgeführt. Die Samen wurden auf Germitest-Papiertüchern verteilt, mit einer Wassermenge befeuchtet, die dem 2,5-fachen Gewicht des trockenen Substrats entsprach, und zum Keimen bei einer Temperatur von 25°C gelagert, wobei die Auswertung am achten Tag nach der Aussaat erfolgte. Abbildung 10 zeigt die Ergebnisse, die in Prozent der normalen Keimlinge ausgedrückt wurden.

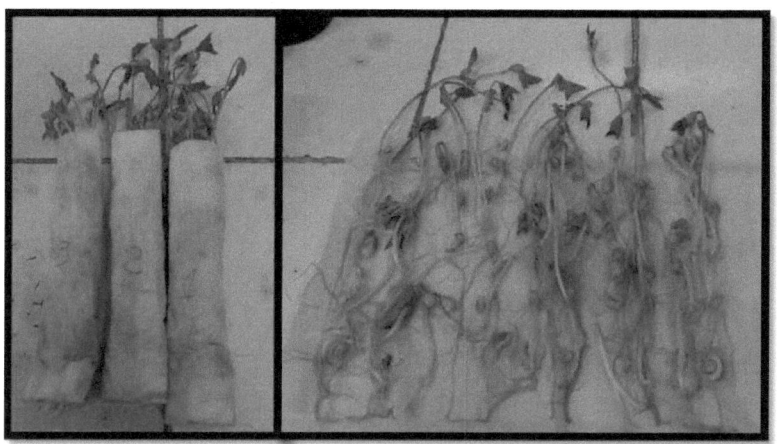

Abbildung 10 - Illustration der Ergebnisse der Bohnenkeimungstests am achten Tag nach der Aussaat.

4.3. Scheinbare spezifische Masse

Die scheinbare spezifische Masse wurde durch direkte Ablesung mit einer Hektoliterwaage mit einem Fassungsvermögen von 250 mL bestimmt (BRASIL, 2009). Für jede Probe wurden drei Wiederholungen durchgeführt.

4.4. Wasserstoffpotenzial (pH)

10 g der Probe wurden 1 Minute lang in einem Oster-Mixer eingewogen und dann in einen trockenen 250-mL-Erlenmeyerkolben mit destilliertem Wasser bei 25 °C überführt. Die Probe wurde geschüttelt, bis sich eine gleichmäßige Suspension bildete. Das Schütteln wurde gelegentlich für weitere 30 Minuten fortgesetzt. Das Material wurde 10 Minuten lang stehen gelassen und die überstehende Flüssigkeit wurde in ein trockenes Becherglas dekantiert und der pH-Wert wurde sofort mit einem Potentiometer gemessen, wie von Gomes et al. (2003) empfohlen.

4.5. Elektrische Leitfähigkeit (EC)

Drei 50-Korn-Proben von jeder Parzelle wurden gewogen und in 75 mL entionisiertes Wasser (in 180-mL-Plastikbechern) getaucht und bei 25°C in einen Umluftofen gestellt.

Nach der 24-stündigen Einweichzeit wurden die Lösungen ohne die Bohnensprossen in einen anderen Behälter gegossen, wo die elektrische Leitfähigkeit mit einem Konduktivimeter (MARCOS FILHO, 2005) gemessen wurde.

Abbildung 11 zeigt das Leitfähigkeitsmessgerät, die Digitalwaage und die Proben, die für die Durchführung der elektrischen Leitfähigkeitstests verwendet wurden, sowie die Standardlösung, die vor den Messungen zur Kalibrierung der Geräte verwendet wurde.

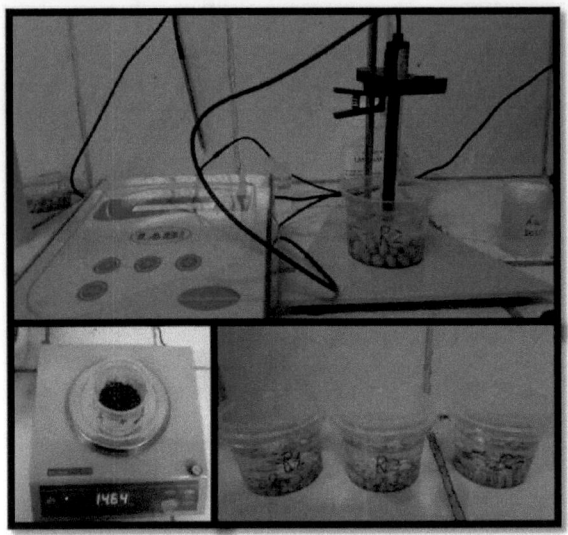

Abbildung 11 - Illustration des Leitfähigkeitsmessgeräts, der Waage und der Proben, die bei der Prüfung der elektrischen Leitfähigkeit von Bohnen verwendet werden.

Das vom Leitfähigkeitsmessgerät erhaltene Ergebnis wurde durch das Gewicht der Probe geteilt, so dass das Endergebnis in $\mu S\ cm^{-1}\ g^{-1}$ ausgedrückt wurde. Hampton und Tekrony (1995) empfehlen, dass die Abweichung der Leitfähigkeit zwischen den Wiederholungen ± 5 $\mu S\ cm^{-1}\ g^{-1}$ nicht überschreiten sollte. Ist dieser Wert größer, sollte der Test für die betreffende Probe wiederholt werden.

4.6. Aschegehalt

Zur Bestimmung des Aschegehalts wurden ein Muffelofen bei 550°C, ein Ofen bei 105°C, eine Analysenwaage, Porzellantiegel und ein Exsikkator verwendet. Es wurden Proben von 10 g gewogen und in Porzellantiegeln platziert. Die Proben wurden zuvor in einem Ofen auf 105 ± 2°C erhitzt und in einem Exsikkator auf Raumtemperatur abgekühlt, um anschließend gewogen zu werden. Anschließend wurden die Proben bei niedriger Temperatur verkohlt und in einem Muffelofen bei 550 °C kalziniert. Anschließend wurden sie in einem Exsikkator auf Raumtemperatur abgekühlt, bevor sie endgültig gewogen und der Aschegehalt in Prozent angegeben wurde. Abbildung 12 zeigt den verwendeten Muffelofen und die Porzellantiegel, die nach dem Test bereits die Asche enthielten.

Der prozentuale Anteil der Asche wurde anhand der folgenden Gleichung berechnet:

$$\% \text{ Asche bei } 550\ °C\ w/w = \frac{100 * S}{P}$$

in dem:

S = Masse der Asche, g;

P = Masse der Probe, g (SILVA, 2002).

Abbildung 12 - Muffelofen und Porzellantiegel mit der Asche nach Durchführung des Aschegehaltstests an Bohnen.

4.7. Kochzeit

Die Testverfahren basierten auf der von Sartori (1982) vorgeschlagenen und von Proctor & Watts (PROCTOR; WATTS, 1997) angepassten Methode. Die Kochzeit wurde anhand von 25 gleichmäßigen, ganzen Kernen ermittelt, die zuvor auf einem 16er-Sieb ausgewählt, 16 Stunden lang bei 25°C in 80 ml destilliertem Wasser eingeweicht und in den Mattson-Apparat gelegt wurden. Der Kochapparat besteht aus 25 Stäben von 21,6 cm Länge und einem Gewicht von je 82,0 g. Am Ende hat der Stab eine konische Spitze mit einem Durchmesser von 0,2 mm und einer Länge von 0,9 mm, die senkrecht auf dem Korn aufliegt (RESENDE, 2006), wie in Abbildung 13 zu sehen ist.

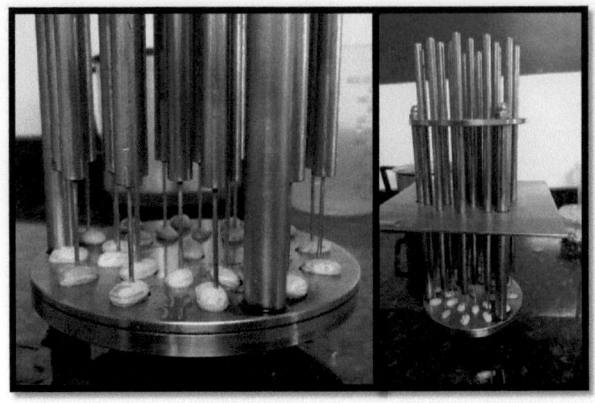

Abbildung 13 - Mattson-Kocher mit den Bohnen unter den Stäben während des Kochzeittests.

Das Gerät mit den Bohnen wurde in einen Aluminiumbehälter mit einem Fassungsvermögen von 2.000 mL gestellt, der 1.000 mL kochendes destilliertes Wasser auf einer durch elektrischen Widerstand erhitzten Platte enthielt. Die Bohnen galten als gekocht, wenn sie vollständig durch den Stiel durchgestochen waren. Die Kochzeit galt als beendet, wenn der Stab mit der Nummer 13[a] durchstochen war, da mehr als 50 % der Bohnen durchstochen worden waren.

Die Klassifizierung der Mattson-Kochzeit, die in Tabelle 1 beschrieben ist.

Tabelle 1 - Durchschnittliche Referenzwerte für die Kochzeit von Bohnen

Kochzeit (Minuten)	Widerstandsgrad beim Kochen
>16	sehr empfindlich
16 - 20	mittlere Anfälligkeit
21 - 28	normaler Widerstand
29 - 32	mittlerer Widerstand
33 - 36	robuste
36 <	sehr widerstandsfähig

Quelle: Proctor und Watts (1987).

Der 25-Pin-Mattson-Kocher wurde verwendet, weil er dem Druck entspricht, den die Hausfrau zwischen ihren Fingern ausübt, um zu prüfen, ob die Bohnen gar sind (COSTA et al., 2001).

4.8. Farbe

Hunter hat ein fotoelektrisches Tristimulus-Farbmessgerät entwickelt, das in der Lebensmittelindustrie weit verbreitet ist. Das Gerät besteht im Wesentlichen aus drei separaten Schaltkreisen, sorgfältig ausgewählten Filtern und Fotozellen, die eine genaue Annäherung an die X-, Y- und Z-Werte ermöglichen. Die X-, Y- und Z-Werte wurden aus den beobachteten Musterkurven des sichtbaren Spektrums berechnet. Die "L"-Koordinate (Leuchtkraft) von Hunter ist mit der Y-Magnitude korreliert. Die "a"-Koordinate ist messbar in Bezug auf die Intensität von Rot und Grün, und die "b"-Koordinate bezieht sich auf die Intensität von Gelb und Blau. Abbildung 14 zeigt einen Hunter-Körper. Die "a"-Koordinate ist eine Funktion von X und Y, und die "b"-Koordinate ist eine Funktion von Z und Y. Zusammen können die "a"- und "b"-Koordinaten laut Gomes (2003) Parameter für den Farbton und die Sättigung (Chroma) erzeugen.

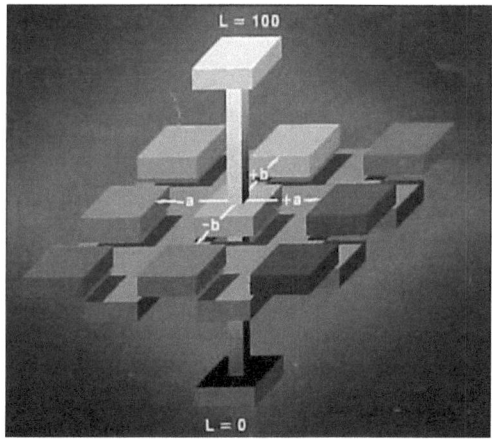

Quelle: Gomes (2003).

Figura 14 - Hunter ist solide.

Während der Lagerung von Bohnen treten einige chemische und strukturelle Veränderungen auf, die zu einer Verschlechterung der Gesamtqualität und des Nährwerts des Produkts führen. Dieser Qualitätsverlust ist durch Farb- und Geschmacksveränderungen sowie eine Zunahme des Härtegrads der Bohnen gekennzeichnet, was zu einer Verlängerung der Kochzeit führt (SOUSA, 2003).

Die Farbe der Bohnen wurde durch direktes Ablesen des Reflexionsgrads der L-, a- und **b-Koordinaten** mit einem Tischspektralphotometer, Modell ColorFlex 45/0, Geometrie 45/0, mit einer Ablesefläche von 25 mm quantifiziert. Für jede Wiederholung aller untersuchten

Behandlungen wurde der Durchschnitt von drei Bestimmungen verwendet. Unter Berücksichtigung von **a** und **b** als abhängige Variablen wurden die Ergebnisse gemäß den trigonometrischen Funktionen, Gleichungen 1 und 2 (LITTLE, 1975), analysiert.

$$\theta = \tan^{-1}\frac{b}{a} \quad (1)$$

$$croma = \sqrt{(a^2 + b^2)} \quad (2)$$

in dem:

θ = Farbtonwinkel,

a, b = durch direkte Reflexionsmessung ermittelte Koordinaten.

Die Ablesung erfolgte direkt, wie in Abbildung 15 zu sehen ist. Die Bohnenkerne wurden so positioniert, dass sie die Quarzplatte vollständig bedecken.

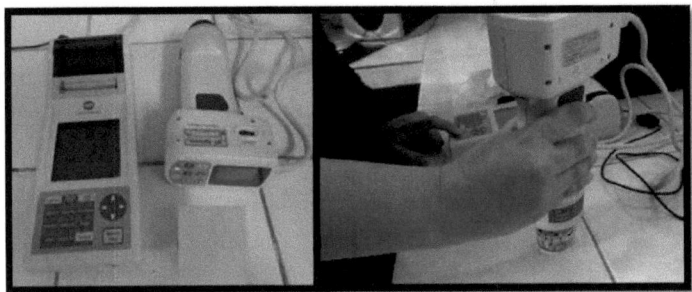

Figura 15 - Tisch-Spektralphotometer bei der Farbbestimmung von Bohnen.

4.9. Gewichtsverlust

Der Gewichtsverlust während der Lagerung wurde bewertet. 100 g Bohnen wurden gewogen und in Organzasäckchen (40x40 cm) verpackt, die ordnungsgemäß verschlossen waren, und in den verschiedenen untersuchten Behandlungen gelagert. Am Ende jeder Lagerzeit wurde das Material gewogen und mit dem Ausgangsgewicht verglichen, um den Verlust an Trockensubstanz zu überprüfen. Abbildung 16 zeigt die Anordnung der Bohnen und wie sie im Organza gelagert wurden. Die erzielten Ergebnisse wurden in Prozent (%) ausgedrückt.

Abbildung 16 - Lagerung der Bohnenkerne in der Organza, die für den Test zur Bestimmung des Trockenmasseverlustes der Bohnen verwendet wurde.

4.10. Kontamination durch Mikroorganismen

Die 300-g-Proben wurden im phytopathologischen Labor der Bundesuniversität von Viçosa zum Nachweis und zur Identifizierung von Pilzen nach den von Dhingra und Sinclair (1996) beschriebenen Verfahren untersucht.

5. ERGEBNISSE UND DISKUSSION

5.1. Erste Charakterisierung der gelagerten Bohnenkerne

Eine erste Charakterisierung der Charge wurde anhand von Wuchsprüfungen im Labor durchgeführt. Tabelle 2 zeigt die Ergebnisse der Durchschnittswerte für Wassergehalt, Keimung, Farbe, Kochzeit, elektrische Leitfähigkeit, beschleunigte Alterung, Aschegehalt, Wasserstoffpotenzial und scheinbare spezifische Masse. Diese erste Charakterisierung ist notwendig, um die Qualität der Partie zu überwachen und die während der Lagerung durchgeführten Vergleiche zu validieren.

Tabelle 2 - Anfängliche Charakterisierung der Charge mit den beobachteten Werten für Wassergehalt, Keimung, Farbe, Kochzeit, elektrische Leitfähigkeit, beschleunigte Alterung, Aschegehalt, Wasserstoffpotenzial und scheinbare spezifische Masse.

Test	Durchschnittliche Werte
Wassergehalt	11,74 % (b.u.)
Keimung	99 %
Farbe (L)	59,86
Kochzeit	21 Minuten und 15 Sekunden
Elektrische Leitfähigkeit	71,88 $\mu S.cm^{-1}.g^{-1}$
Aschegehalt	3,98 %
Wasserstoffpotenzial (pH)	6,65
Scheinbare spezifische Masse	772,29 $kg.m^{-3}$

Im Rahmen der anfänglichen Charakterisierung wurde eine Probe von 300 g Bohnen an das phytopathologische Labor der Bundesuniversität von Viçosa geschickt, damit Pilze gemäß den von Dhingra und Sinclair (1996) beschriebenen Techniken nachgewiesen und identifiziert werden können. Auf der Grundlage der Analyseergebnisse wurde die Charge als phytosanitär äußerst gesund eingestuft, mit den folgenden Ergebnissen, die in Tabelle 3 zu sehen sind.

Fungus	Prozentsatz der Infektion
Aspergillus terreus	0,25%
Penicillium chrysogenum	0,25%
Cladosporium cladosporioides	0,50%

Tabelle 3 - Erste phytosanitäre Charakterisierung der Bohnenpartie (Ergebnisse in %)

Die anfängliche phytosanitäre Analyse ist wichtig, da nach Berichten von Resende et al. (2008) in einer Studie über Bohnen, die in Gegenwart von Insektenschädlingen gelagert wurden, die Kochzeit der Bohnen während der Lagerzeit linear anstieg.

5.2. Analyse des Wassergehalts der gelagerten Körner

Der hohe Wassergehalt ist einer der Faktoren, die den Verderb der gelagerten Körner beeinflussen, und es ist von größter Wichtigkeit, während der Lagerung Tests durchzuführen, um Verfahren festzulegen oder zu übernehmen, die die Schäden an der Körnermasse minimieren können.

Nach Baudet und Villela (2012) besteht ein enger Zusammenhang zwischen Wassergehalt und Lagerpotenzial, wobei jede Verringerung des Wassergehalts um 1 % zu einer Verdoppelung des Lagerpotenzials führt. Daher ist es wichtig, den Wassergehalt von Körnern und Samen zu verringern, um die Atmungsaktivität zu minimieren, den Verbrauch von Reserven zu reduzieren und sie folglich länger haltbar zu machen, insbesondere wenn sie in einer Umgebung mit kontrollierter Temperatur und relativer Luftfeuchtigkeit gelagert werden (MENEZES; VILLELA, 2009).

Bei Wassergehalten von 15 % (b.u.) oder mehr ist es möglich, dass sich Pilze in der Masse der gelagerten Körner entwickeln und deren Qualität beeinträchtigen. Wassergehalte unterhalb dieses Wertes werden als ausreichend angesehen, um die Lebensfähigkeit zu erhalten. Da die Körner hygroskopisch sind, muss ihr Wassergehalt während der Lagerung überwacht werden, da eine Erhöhung des Wassergehalts die physiologischen Aktivitäten der Körner verstärken kann, was zu ihrer Zersetzung führt und die Tätigkeit von Mikroorganismen, insbesondere Pilzen, begünstigt.

Elias (2008) stellte fest, dass Körner hygroskopisch sind, d. h. ihr Wassergehalt steht immer im Gleichgewicht mit der relativen Luftfeuchtigkeit bei einer bestimmten Temperatur. Der hohe Wassergehalt der Körner in Verbindung mit hohen Temperaturen beschleunigt die Degenerationsprozesse der biologischen Systeme mit intensiver Atmung und Verbrauch ihrer Reserven.

Abbildung 17 zeigt die Veränderungen des Wassergehalts (%) der Behandlungen in der Anfangsphase (0 Tage) sowie nach 30, 60 und 90 Tagen bei den verschiedenen Lagertemperaturen.

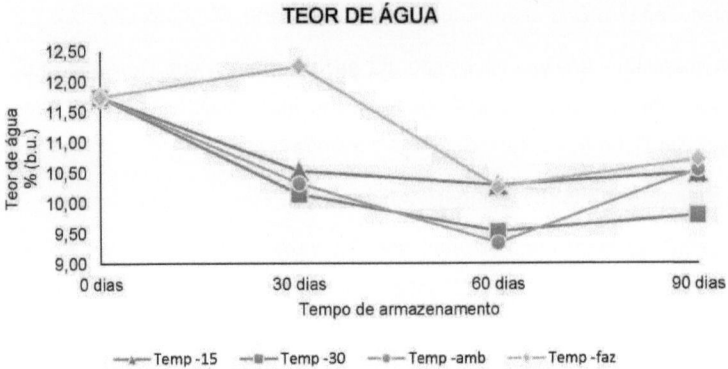

Abbildung 17 - Während der Lagerungsphase beobachtete Schwankungen des Wassergehalts der Bohnen bei den vier Behandlungen (Ergebnisse ausgedrückt in % (b.u.)).

Der Durchschnittswert für den anfänglichen Wassergehalt der untersuchten Charge betrug 11,74 % (b.u.), und es ist festzustellen, dass der Wassergehalt der Körner während der Lagerung im Durchschnitt zwischen 9,5 und 10,7 % (b.u.) schwankte, mit Ausnahme der 30-tägigen Lagerung im Betrieb, wo ein Wert von 12,24 % (b.u.) erzielt wurde. Die Überwachung des Wassergehalts während der Lagerung ist wichtig. Nach Vieira und Krzyzanowski (1999) ist die Standardisierung des Wassergehalts bei Untersuchungen zur elektrischen Leitfähigkeit von grundlegender Bedeutung für die Standardisierung der Bewertungen und die Erzielung einheitlicher Ergebnisse.

Bragantini (2005) stellte fest, dass die Geschwindigkeit des Verfalls und der Atmungsprozess während der Lagerung mit dem Temperaturanstieg und dem höheren Wassergehalt der Körner zusammenhängen. Wenn der Wassergehalt der gelagerten Körner zwischen 11 und 13 Prozent (b.u.) liegt, bleibt der Atmungsprozess gering, wodurch die Qualität des gelagerten Produkts verlängert wird. Steigt der Wassergehalt jedoch an, beschleunigt sich der Atmungsprozess und die Körner verderben.

Barbosa (2010) berichtete, dass die Wasseraufnahme als physikalischer Prozess definiert ist, der je nach Permeabilität der Samenschale (Dicke und Zusammensetzung der Samenschale), Temperatur (innerhalb bestimmter Grenzen nimmt die Wasseraufnahme mit der Temperatur zu), chemischer Zusammensetzung (eiweißreiche Samen nehmen im Allgemeinen schneller Wasser auf als stärkere) und physiologischen Bedingungen (unreife und beschädigte Samen nehmen aufgrund der größeren Zerstörung der Membran schneller Wasser auf) sowie genetischen Faktoren variieren kann, der chemischen

Zusammensetzung (eiweißreiche Samen nehmen im Allgemeinen schneller Wasser auf als stärkereiche Samen) und den physiologischen Bedingungen (unreife und stärker geschädigte Samen nehmen aufgrund der stärkeren Zerstörung der Membranen schneller Wasser auf) sowie von genetischen Faktoren abhängt.

Resende (2008) stellte fest, dass ein höherer Wassergehalt als der für eine sichere Lagerung empfohlene eine der Hauptursachen für den Verlust der technologischen Eigenschaften des Getreides ist. Daher war die Bewertung des Wassergehalts während des Versuchs von grundlegender Bedeutung für die Bestätigung der Ergebnisse.

5.3. Analyse der Ergebnisse des Keimungstests für Lagergetreide

Gemäß den Regeln für die Saatgutanalyse - RAS (BRASIL, 2009) besteht das Ziel des Keimtests darin, das maximale Keimungspotenzial einer Partie zu bestimmen, das zum Vergleich der Qualität verschiedener Partien verwendet werden kann.

Unter Lagerbedingungen dient der Kornkeimungstest der Beurteilung des physiologischen Potenzials des Korns.

Abbildung 18 zeigt die Ergebnisse des Keimungstests für die Behandlungen, die während der Lagerphase durchgeführt wurden.

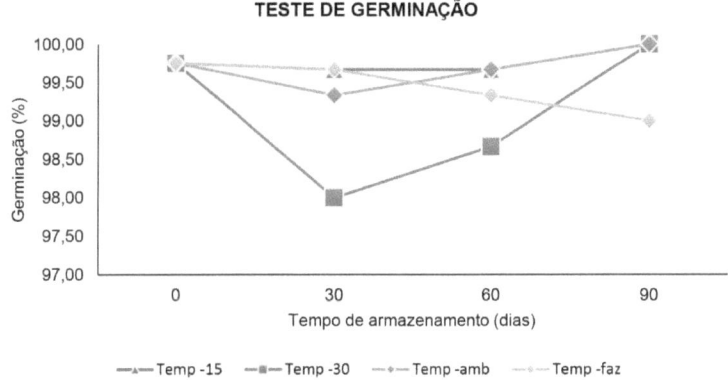

Abbildung 18 - Während der Lagerungsphase bei den vier Behandlungen beobachtete Veränderungen im Keimungstest für Bohnen (Ergebnisse in % der normalen Keimlinge).

Statistisch gesehen unterschieden sich die Werte nicht voneinander, aber es ist zu erkennen, dass es zwischen den Behandlungen zeitliche Schwankungen gab. Bei der Lagerung bei gleicher Temperatur blieb die Keimungsrate erhalten. Wie wir gesehen haben, wird dieser Test nicht als Test zur Bewertung des physiologischen Potenzials von

Samen und Kernen angesehen, da der Verlust der Keimfähigkeit die letzte physiologische Manifestation im Prozess der Verschlechterung von Körnern und Samen ist. Aus diesem Grund ist es notwendig, andere Wuchskrafttests durchzuführen, um die Unterschiede zwischen den analysierten Behandlungen zu bewerten.

Gleichzeitig ist der Keimtest wichtig für die Überwachung und Überprüfung der Lebensfähigkeit der untersuchten Charge.

Die Lebensfähigkeit wird hauptsächlich durch den Keimungstest gemessen und soll die maximale Keimfähigkeit eines Samens unter äußerst günstigen Bedingungen bestimmen. Die Vitalität hingegen erfasst subtilere Attribute der physiologischen Qualität, die durch den Keimungstest nicht erfasst werden.

Nach Krzyzanowski und Vieira (1999) können Saatgutpartien mit ähnlichem Keimungsgrad einen unterschiedlichen Grad der Verschlechterung aufweisen.

5.4. Analyse der Ergebnisse der Kochzeit für die gelagerten Körner

Das Kochen ist für den Verzehr von Bohnen von wesentlicher Bedeutung, da dadurch nährstofffeindliche Faktoren inaktiviert werden und die Bohnen weich werden und die von den Verbrauchern bevorzugte Textur erhalten (YOKOYAMA; STONE, 2000).

Kontrollierte Lagerungsbedingungen sind für die Erhaltung der Getreidequalität unerlässlich. So werden Körner, die bei hohen Temperaturen und hoher relativer Luftfeuchtigkeit gelagert werden, hart und widerstandsfähig gegen das Kochen, was zu längeren Kochzeiten, geringerer Akzeptanz beim Verbraucher, einer Verringerung des Nährwerts aufgrund von Vitaminverlusten, Veränderungen des Geschmacks, einem Verlust der Konsistenz der Brühe und Veränderungen der Farbe der Körner führt (BRAGANTINI, 2005; LIU, 1995; REYES-MORENO; PAREDES-LOPEZ, 1993).

Dieser Effekt wird als *Hartkocheffekt* (HTC) bezeichnet und ist eines der wichtigsten Merkmale, die bei der Bewertung der Qualität einer Bohnenpartie zu beachten sind, da er in direktem Zusammenhang mit der Akzeptanz des Produkts beim Verbraucher steht.

Abbildung 19 zeigt die Ergebnisse der Kochzeit für die verschiedenen Lagertemperaturen.

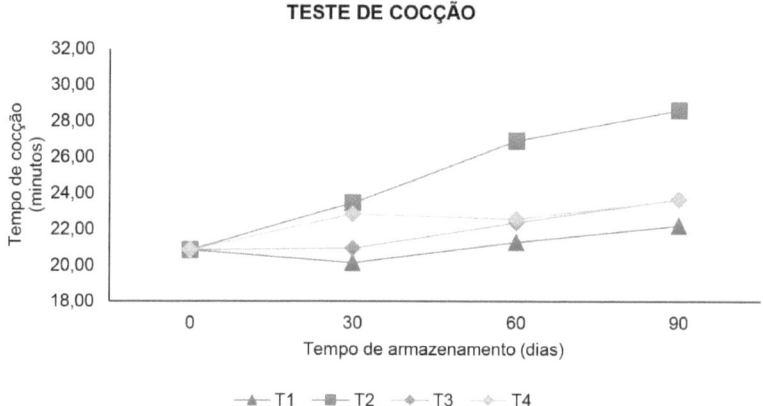

Abbildung 19 - Kochzeit der Bohnen in Abhängigkeit von den Lagerbedingungen und der Lagerdauer (Ergebnisse in Minuten).

Nach 30 Tagen Lagerung zeigte sich eine Tendenz, dass Bohnen, die bei 30°C gelagert wurden, länger zum Kochen brauchten als die anderen. Dies wurde bereits nach 30 Tagen Lagerung beobachtet und bestätigte sich im Laufe der analysierten Zeit. Es wurde auch festgestellt, dass Bohnen, die bei 15°C gelagert wurden, kürzere Garzeiten aufwiesen.

Tabelle 4 zeigt die durchschnittlichen Kochzeiten der Bohnen während der Lagerung für die betrachteten Behandlungen.

Tabelle 4 - Kochzeit der Bohnen für die Behandlungen nach 0, 30, 60 und 90 Tagen Lagerung

Zeit der Kochen	0 Tage	30 Tage	60 Tage	90 Tage
Temp-15	20 min 50 s A	20 min 8 s A	21 min 16 s A	22 min 11 s A
Temp-30	20 min 50 s A	23 min 27 s AB	26 min 54 s B	28 min 36 s B
Temp-amb	20 min 50 s A	20 min 56 s AB	22 min 21 s AB	23 min 40 s B
Temp-do	20 min 50 s A	22 min 49 s B	22 min 33 s AB	23 min 38 s B

Mittelwerte, die durch denselben Buchstaben gekennzeichnet sind, unterscheiden sich nicht gemäß Tukey's statistischem Test mit 5% Wahrscheinlichkeit.

Die anfängliche Kochzeit für die Bohnen betrug 20 Minuten und 50 Sekunden. Nach der Klassifizierung von Proctor und Watts (1987) werden Bohnen mit einer Kochzeit von 16 bis 20 Minuten als "mittel empfindlich" eingestuft, wenn man den Grad der Kochfestigkeit berücksichtigt. Nach 21 Minuten Kochzeit ändert sich die Klassifizierung, und die Bohnen gelten als "normal widerstandsfähig" gegenüber dem Kochen.

Bei der Analyse der Ergebnisse wurde festgestellt, dass nach 30 Tagen Lagerung nur die Bohnen, die bei Raumtemperatur und bei 15°C gelagert wurden, die ursprüngliche Einstufung "mittlere Anfälligkeit" beibehielten. Während dieser Zeit waren die Bohnen, die bei 30°C und in der landwirtschaftlichen Umgebung gelagert wurden, widerstandsfähiger gegen das Kochen. Sie erreichten Zeiten von 23 Minuten und 27 Sekunden bzw. 22 Minuten und 49 Sekunden und wurden als Bohnen mit "normaler Widerstandsfähigkeit" gegen das Kochen eingestuft.

Nach 60 Tagen Lagerung nahm die Masse der bei der höchsten Temperatur (30°C) gelagerten Bohnen deutlich zu und erreichte fast 27 Minuten für das Kochen der Bohnen, was sich statistisch von der Lagerung bei 15°C unterscheidet.

Studien von Maurer et al. (2004), die den HTC-Effekt bei Ackerbohnen untersuchten, ergaben, dass sich die Kochzeit bei den schwarzen und roten Sorten im Vergleich zu den Kontrollbohnen um das 2,41- bzw. 2,5-fache verlängerte, wenn sie 3,5 Monate lang bei 65 % relativer Luftfeuchtigkeit und 29 °C gelagert wurden. In anderen Studien untersuchten Rios et al. (2003) die Auswirkungen der Lagerung auf die Hydratationskapazität bei Raumtemperatur (20 °C und 71,9 % r.F.) über einen Zeitraum von acht Monaten und stellten eine Abnahme der Wasseraufnahmekapazität als Folge längerer Lagerungsbedingungen fest.

Nach 90 Tagen Lagerung zeigte sich, dass die Lagerung bei 15°C die kürzeste Kochzeit für die Bohnen ergab, die 22 Minuten und 11 Sekunden betrug und sich statistisch von den anderen Lagerbedingungen unterschied. Bei der Probe, die bei 30°C gelagert wurde, betrug die Kochzeit 28 Minuten und 36 Sekunden, was der Klassifizierung "mittlere Resistenz" sehr nahe kommt.

In ähnlichen Studien beobachteten Coelho et al. (2009) eine Zunahme der Härte bei Bohnenkernen mit der Lagerdauer bei 25 °C. Plhak et al. (1989) gelang es bei einer Temperatur von 15 °C und einer relativen Luftfeuchtigkeit von 35 % während der Lagerung, die Härte der Bohnenkerne zu verhindern.

Es sei darauf hingewiesen, dass der Einsatz von Lagertechniken, wie z. B. die künstliche Abkühlung der Körnermasse, den Erzeugern bei ihren Entscheidungen hilft, denn wenn die Lagerung sicher ist und die Qualität der Partie gewährleistet, besteht die Möglichkeit, das Erzeugnis in Zeiten größeren Angebots zu lagern, wenn die Preise niedriger sind.

5.5. Analyse der Farbergebnisse für die gelagerten Körner

Farbe ist ein Aspekt der visuellen Wahrnehmung, der schwer zu definieren und zu quantifizieren ist. Physikalisch gesehen ist die Farbe eine Eigenschaft des Lichts, messbar in Bezug auf Intensität (Strahlungsenergie) und Wellenlänge. Physiologisch gesehen ist der Spektralbereich zwischen 380 und 770 Nanometern begrenzt (KRAMER; TWIGG, 1962; FERGUS, 1993).

Lopes (2011) berichtete, dass mit zunehmender Lagerdauer in der Regel eine Verringerung der Werte der Variablen L eintritt, d. h. es kommt zu einer Verdunkelung der Integumente, wobei der Unterschied zwischen diesen Werten in Abhängigkeit von der Temperatur und der Lagerdauer signifikant ist.

Abbildung 20 zeigt die Ergebnisse der Farbanalyse bei den verschiedenen Temperaturen während des Lagerungszeitraums. Es ist zu erkennen, dass die Farbe bei 15 °C tendenziell nahe am Ausgangswert bleibt, im Gegensatz zur Lagerung auf dem Bauernhof und bei 30 °C, wo der Farbwert aufgrund der Lagerungsbedingungen, die Veränderungen verursachen, tendenziell abnimmt.

Es wurde beobachtet, dass die Lichteinstrahlung auf die bei 15°C gelagerten Körner im Vergleich zu den anderen Behandlungen geringere Schwankungen aufwies. Dies war darauf zurückzuführen, dass die Körner an einem Ort gelagert wurden, an dem der Lichteinfall nicht von der täglichen Photoperiode beeinflusst wurde.

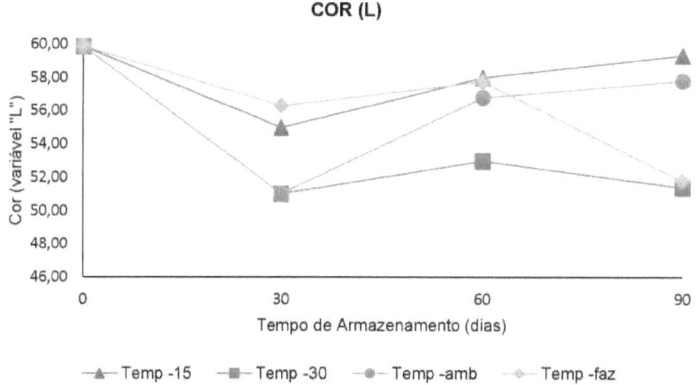

Abbildung 20 - Grafische Darstellung der Farbe der Bohnen in Abhängigkeit von den Lagerungsbedingungen und der Zeit (beobachtete Werte der Variablen "L").

Nach Lopes (2011) ist ein wichtiger Faktor für die Qualität der Bohnen die Zeit, die nach der Ernte verstrichen ist. Die brasilianischen Verbraucher bevorzugen das Produkt aus der letzten Ernte, da die Qualität der Bohnen im Laufe der Lagerung je nach den Lagerbedingungen beeinträchtigt werden kann. Da sich die Schale während der Lagerung dunkel verfärbt, sind Aussehen und Farbe der Bohnen Attribute, die einen großen Einfluss auf die Akzeptanz des Produkts haben, insbesondere bei Carioca-Bohnen. Die Verbraucher assoziieren das Phänomen der Nachdunkelung mit dem Alterungsprozess und folglich mit dem HTC-Effekt.

Die Beibehaltung der ursprünglichen Farbe durch die Lagerung bei 15°C begünstigt daher die Akzeptanz des Produkts durch den Verbraucher, was direkt mit der Qualität der Bohnen zusammenhängt.

Tabelle 5 zeigt die durchschnittlichen Helligkeitswerte "L" für die betrachteten Behandlungen und die Lagerzeiten.

Tabelle 5 - Ergebnisse der "L"-Farbvariation für Bohnen während der Lagerung, für alle Behandlungen

	0 Tage	30 Tage	60 Tage	90 Tage
Temp-15	59,86 A	54,95 B	57,99 AB	59,31 AB
Temp-30	59,86 A	51,00 C	52,97 C	51,37 C
Temp-amb	59,86 A	51,00 C	56,77 B	57,77 AB
Temp-do	59,86 A	56,28 B	57,74 AB	51,76 C

Mittelwerte, die durch denselben Buchstaben gekennzeichnet sind, unterscheiden sich nicht gemäß Tukey's statistischem Test mit 5% Wahrscheinlichkeit.

Es wird davon ausgegangen, dass ein niedriger "L"-Wert eine geringere Lichtreflexion bedeutet und somit ein Indikator für eine Verdunkelung der Haut ist. Der anfängliche "L"-Luminanzwert für die untersuchte Bohnencharge betrug 59,86. Nach 90 Tagen wies die bei 15°C gelagerte Partie einen L"-Wert von 59,31 auf, der sich statistisch nicht vom Ausgangswert unterschied. Bei der Lagerung im Betrieb und bei 30°C lagen die Werte bei 51,76 bzw. 51,37. Diese Werte werden als niedrig angesehen, gemäß den Berichten von Ribeiro et al. (2003), die erwähnten, dass Sorten mit einem "L"-Wert von mehr als 55 einen höheren Marktpreis haben, da bei Bohnen des Typs Carioca die größere Klarheit der Samenschale mit frisch geernteten und schnell gekochten Bohnen in Verbindung gebracht wird.

Bei der Lagerung bei 30 °C wurden die Kerne in einer Umgebung aufbewahrt, in der sie sich dunkel färbten.

Bei einer Lagerung bei einer Kornmassentemperatur von 30°C ist festzustellen, dass nach 30 Tagen die Qualität der Bohnen stark abgenommen hat, da der Wert der Variablen "L" deutlich gesunken ist, was auf eine Verdunkelung der Schale hinweist.

Laut Lopes (2011) wurde die Dunkelfärbung der Samenschale auf das Vorhandensein von Phenolverbindungen zurückgeführt, und in den letzten Jahren wurde die Forschung über den Einfluss dieser Verbindungen auf Hülsenfrüchte, insbesondere Bohnen, intensiviert. Diese Verbindungen kommen natürlich in Getreide- und Hülsenfrüchtesamen vor und können, wenn sie in großen Mengen vorhanden sind, die Bioverfügbarkeit von Proteinen und Mineralien verringern.

Daher wurde festgestellt, dass das Produkt bei der Lagerung im landwirtschaftlichen Betrieb und bei einer Getreidemassetemperatur von 30°C die Farbe der Spelze verändert und folglich im Laufe der Lagerzeit an Qualität und Handelswert verliert.

Ähnliche Ergebnisse wurden von Rios et al. (2002) beobachtet, die eine Dunkelfärbung der Schale von Bohnenkernen nach sechsmonatiger Lagerung feststellten. Die Autoren berichteten, dass die dunklere Farbe der Schale das Ergebnis einer Zunahme der Aktivität des Enzyms Polyphenoloxidase in Verbindung mit der Aktivität des Enzyms Peroxidase und einer Zunahme des Gehalts an phenolischen Verbindungen sein könnte. Aus diesem Grund können helle Bohnen in der Natur nicht lange gelagert werden und werden in der Regel kurz nach der Ernte verzehrt.

In ähnlichen Studien berichteten Hou und Chang (2004), dass die Farbe von Sojabohnen, die bei einer relativen Luftfeuchtigkeit von 57 % und einer Temperatur von 20 °C gelagert wurden, unbedeutende Unterschiede in der Farbzunahme mit der Lagerungszeit aufwies und dass es unter Kühlbedingungen, bei 86 % relativer Luftfeuchtigkeit und einer Temperatur von 4 °C, während einer neunmonatigen Lagerung keine wesentlichen Unterschiede gab.

5.6. Analyse der Ergebnisse des Tests der elektrischen Leitfähigkeit der gelagerten Körner

Nach Steere et al. (1981) kann die Vitalität des Saatguts durch die Messung der Intensität des elektrischen Stroms, der zwischen zwei Punkten zirkuliert, vorhergesagt werden, da es für den elektrischen Strom schwieriger ist, sich von einem Punkt zu einem anderen in der Lösung zu bewegen, wenn ein gewisser Potentialunterschied zwischen den beiden besteht.

Carvalho et al. (2002) stellten fest, dass der Verlust der Integrität der Zellmembran die erste Manifestation der Verringerung oder des Verlusts der Samenqualität ist, und nach Marcos Filho (2005) treten eine Reihe von Ereignissen auf, wenn das Membransystem seine Integrität verliert, wie z. B. Denaturierung der Proteine, Rückgang des Gesamtgehalts an Kohlenhydraten, Zuckern, löslichen Proteinen und Phosphaten, Anstieg der freien Fettsäuren, Destabilisierung der Enzymaktivität und der RNA- und Proteinsynthese.

Es ist wichtig festzustellen, dass die Zunahme der elektrischen Leitfähigkeit infolge der Verringerung des Wassergehalts der Samen mit dem Prozess der Reorganisation der Zellmembranen infolge der Rehydratation der Samen zusammenhängt. Je geringer der Wassergehalt des Saatguts ist, desto größer ist der Zustand der Desorganisation der Zellmembran und desto länger dauert es, bis die Reorganisation stattfindet, was zu einer Verringerung der Auslaugung im Vergleich zu Saatgut mit einem höheren Wassergehalt führt (BEWLEY; BLACK, 1985; BARBOSA et al., 2012).

Bei der Untersuchung der Auswirkungen einer beschleunigten Alterung auf die elektrische Leitfähigkeit und die Qualität von Bohnensamen stellten Binotti et al. (2008) fest, dass der Anstieg der Sickerwassermenge mit einer Verringerung der Keimfähigkeit und der Vitalität zusammenhing.

Abbildung 21 zeigt die Ergebnisse des Tests der elektrischen Leitfähigkeit für die Bohnen, die bei den verschiedenen Behandlungen gelagert wurden.

Es ist zu erkennen, dass die anfängliche elektrische Leitfähigkeit für die Bohnencharge 71,88 µS·cm^{-1} ·g^{-1} betrug.

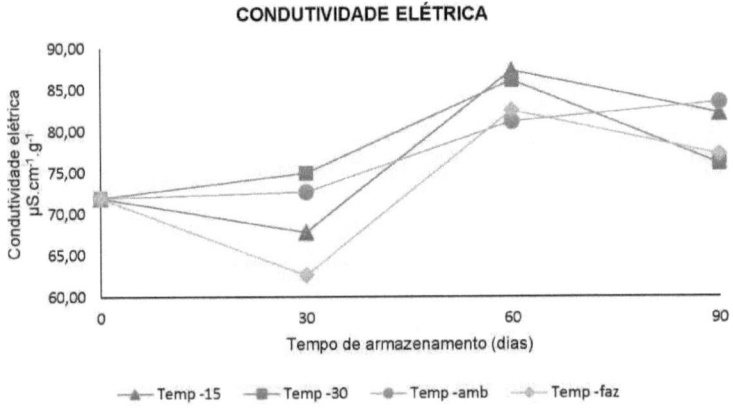

Abbildung 21 - Prüfung der elektrischen Leitfähigkeit von Bohnen in Abhängigkeit von den Lagerbedingungen und der Lagerdauer (Ergebnisse in µS·cm^{-1} ·g)·$^{-1}$

Mit zunehmender Lagerdauer stiegen die Werte der elektrischen Leitfähigkeit an, und ab 60 Tagen war bei allen Lagertemperaturen ein stärkerer Anstieg der elektrischen Leitfähigkeit festzustellen.

Es wurden Faktoren untersucht, die die Ergebnisse des Tests der elektrischen Leitfähigkeit beeinträchtigen können, wie z. B. der Wassergehalt des Saatguts, der bei der Durchführung des Tests äußerst wichtig ist, um die Methode zu standardisieren und einheitliche und reproduzierbare Ergebnisse zwischen und innerhalb von Labors zu erhalten.

Einige Studien haben ergeben, dass die Ergebnisse dieser Technik durch die Lagertemperatur beeinflusst werden können, was darauf hindeutet, dass die Verschlechterung des Saatguts bei niedrigeren Temperaturen nicht direkt mit dem Verlust der Integrität der Zellmembranen durch Reparatur oder Reorganisation während der Lagerung bei niedrigen Temperaturen zusammenzuhängen scheint.

Studien zeigen, dass die Verschlechterung des Saatguts bei 10°C nicht direkt mit dem Verlust der Membranintegrität zusammenzuhängen scheint, was darauf hindeutet, dass dies auf ihre Reparatur oder Reorganisation während der Lagerung bei niedrigen Temperaturen zurückzuführen ist (FESSEL et al., 2006; PANOBIANCO et al., 2007).

So zeigten Sojabohnen, die bei 10°C gelagert wurden, bei der Bewertung durch den Keimungstest und den beschleunigten Alterungstest eine Verringerung des physiologischen Potenzials; diese Qualitätsminderung wurde jedoch nicht durch den Test der elektrischen Leitfähigkeit festgestellt (VIEIRA et al., 2001; PANOBIANCO; VIEIRA, 2007).

Im Allgemeinen wurde festgestellt, dass sehr niedrige (10 % v.E.) oder sehr hohe (17 % v.E.) Wassergehalte die Ergebnisse des Tests der elektrischen Leitfähigkeit erheblich beeinflussen, so dass für Soja- und Erbsensamen Wassergehalte zwischen 10 und 15 % v.E. empfohlen wurden, um vergleichbare Ergebnisse zu erhalten (HAMPTON et al., 1995).

5.7. Analyse der Ergebnisse für den Aschegehalt der gelagerten Körner

Silva (2002) berichtet, dass die Bestimmung des Aschegehalts in Lebensmitteln aus verschiedenen Gründen von großem Wert ist. So ist beispielsweise das Vorhandensein großer Aschemengen in Produkten wie Zucker, Stärke, Gelatine, Pflanzensäuren, Pektinen usw. unerwünscht. Ein weiteres Beispiel ist, dass die Aschebestimmung bei der Verarbeitung von Zuckerrohr zur Zuckerherstellung durchgeführt werden muss, da die hohe Konzentration von Mineralien im Saft Probleme bei der Klärung und Kristallisation verursacht.

Abbildung 22 zeigt den Aschegehalt der Bohnen, die bei den verschiedenen Behandlungen gelagert wurden, im Laufe der Zeit.

Es wurde festgestellt, dass der Aschegehalt zwischen 3,99 (Ausgangswert) und 5 % lag, wenn die Bohnen 90 Tage lang bei Raumtemperatur gelagert wurden. Barampama und Simard (1993) berichten, dass der Aschegehalt von Bohnen zwischen 3,8 und 4,5 % liegt.

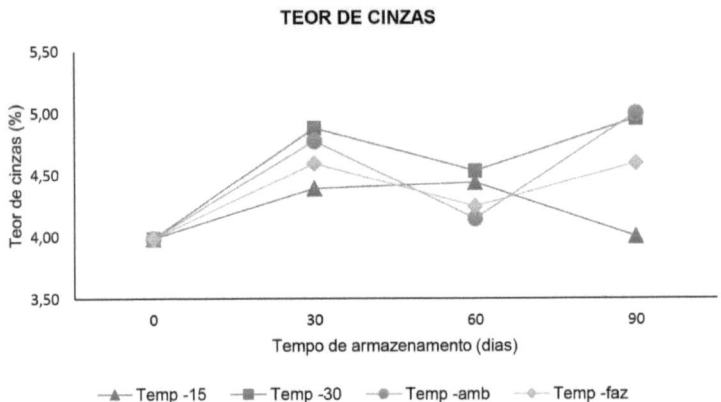

Abbildung 22 - Aschegehalt der Bohnen in Abhängigkeit von den Lagerbedingungen und der Lagerdauer (Ergebnisse in %).

Die niedrigsten Aschegehalte wurden bei allen untersuchten Zeitpunkten in der bei 15°C gelagerten Getreidepartie festgestellt. Es ist zu erkennen, dass die Mineralien im Laufe der Zeit tendenziell erhalten bleiben. Ähnliche Ergebnisse wurden von Rigueira et al. (2009) beobachtet, die Aschegehaltswerte zwischen 3,8 und 4,0 % für kühl gelagerte Bohnen feststellten und die Erhaltung der Mineralstoffe über die Lagerzeit beobachteten.

Nach 90 Tagen wurde festgestellt, dass der Aschegehalt der bei 15°C gelagerten Charge 4 % betrug, ein viel niedrigerer Wert als bei der bei 30°C gelagerten Charge, die nach 90 Tagen einen Wert von 4,95 % aufwies. Abbildung 22 zeigt, dass dieser Unterschied mit zunehmender Lagerdauer tendenziell zunimmt, außer bei Lagerung bei niedriger Temperatur.

Bei der Lagerung im landwirtschaftlichen Betrieb stiegen die Aschegehaltswerte infolge der durchschnittlichen Schwankungen von Temperatur, relativer Luftfeuchtigkeit und Wassergehalt während der Lagerzeit ebenfalls an, wobei der Aschegehalt nach 90 Tagen

4,6 % erreichte.

Nach Berichten von Bhattacharya und Raha (2002) bedeutet der Anstieg des Aschegehalts während der Lagerung einen Abbau der organischen Fraktion. Die Stoffwechselaktivität des Getreides und der assoziierten Mikroorganismen verbraucht organisches Material und erzeugt Kohlendioxid, Wasser, Wärme und andere Produkte, die die Menge der im Getreide vorhandenen Asche verändern können. Auf diese Weise nimmt die Bestimmung des Aschegehalts in dem Maße zu, wie die organische Substanz verbraucht wird.

Bei der Lagerung bei 15 °C blieb der Aschegehalt tendenziell gleich, während er bei den anderen Temperaturen mit zunehmender Lagerdauer anstieg, wenn man die unterschiedlichen Lagerbedingungen berücksichtigt.

5.8. Analyse des Wasserstoffpotenzials (pH) der eingelagerten Körner

Die Analyse des Wasserstoffpotenzials ist von großer Bedeutung, da es sich um einen Test handelt, der den Grad des Verfalls des untersuchten Getreides anzeigen kann. Wie Tillmann (2006) berichtet, werden beim Einweichen des Saatguts oder der Körner in Wasser Zucker, organische Säuren und Ionen (einschließlich H+) freigesetzt, die zur Versauerung der Umwelt beitragen und eine Senkung des pH-Werts bewirken, wobei die am stärksten verdorbenen Erzeugnisse stärker ausgelaugt werden und die am wenigsten verdorbenen wiederum weniger ausgelaugt werden.

Nach Liu et al. (1992) führt die Lagerung von Bohnen mit höherem Lipidgehalt unter ungünstigen Bedingungen wie hoher Temperatur und relativer Luftfeuchtigkeit zur Ranzigkeit der Lipide und zu einer Verringerung des pH-Werts des Bohnengewebes und damit zu einer Veränderung der Molekularstruktur/Denaturierung des Proteins.

Abbildung 23 zeigt die Wasserstoffpotenziale (pH-Werte) der Behandlungen bei den verschiedenen Lagerungszeiten.

Der anfängliche pH-Wert für die untersuchte Charge betrug 6,65. Es zeigt sich, dass die Charge, die bei einer Temperatur von 15°C gelagert wurde, nach 30 Tagen Lagerung die höchsten pH-Werte aufwies, und nach 90 Tagen Lagerung lag der beobachtete pH-Wert bei dieser Temperatur bei 6,56.

Die Masse der bei 30°C gelagerten Körner wies die niedrigsten pH-Werte auf. Nach 30 Tagen lag der gemessene pH-Wert bei 6,44 und stieg auf 6,43 nach 60 Tagen und 6,32 nach 90 Tagen Lagerung.

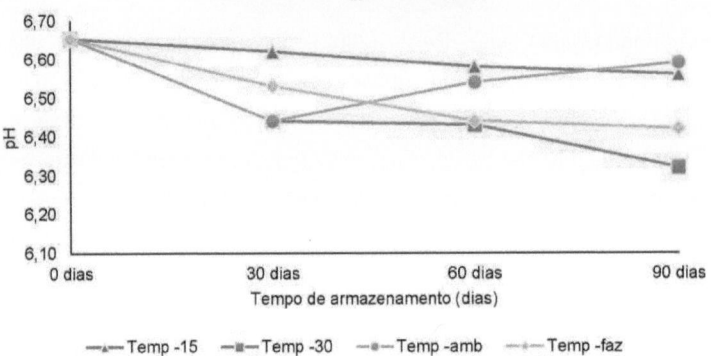

Abbildung 23 - Während der Lagerungsphase beobachtete Schwankungen des Wasserstoffpotenzials der Bohnen bei den vier Behandlungen (Ergebnisse in Ph).

Abbildung 23 zeigt, dass Körner, die bei 30 °C und im Betrieb gelagert werden, bei allen untersuchten Lagerungszeiten tendenziell niedrigere pH-Werte aufweisen als die anderen Behandlungen.

Ähnliche Ergebnisse meldeten Ribeiro et al. (2005) in Studien mit Kontrollbohnen, die bei 41 °C und 75 % Luftfeuchtigkeit gelagert wurden. Sie beobachteten eine Abnahme des pH-Wertes der Bohnen nach 30- und 60-tägiger Lagerung. Die Werte erreichten jedoch nicht den sauren Bereich. Liu et al. (1992) berichteten, dass der Anstieg des Säuregehalts im Korngewebe eine mit der Alterung verbundene Veränderung ist und eine Zwischenursache für den HTC-Effekt darstellt.

Studien von Martin-Cabrejas et al. (1997) über die Lagerung von Erbsen bei 30°C und 64% relativer Luftfeuchtigkeit sowie von fünf Bohnensorten aus Kenia bei 30-40°C und 75% relativer Luftfeuchtigkeit zeigten eine Abnahme des pH-Werts des Korngewebes im Laufe der Zeit.

Mori (2001) stellte ebenfalls einen Rückgang des pH-Wertes von Carioca-Bohnen (von 6,73 auf 6,41) und schwarzen Bohnen (von 6,6 auf 6,35) fest, die 40 Tage lang bei 40 °C und 75 % Luftfeuchtigkeit gelagert wurden.

Aus der Analyse von Abbildung 23 geht hervor, dass der pH-Wert der Körnermasse, die in einem landwirtschaftlichen Betrieb gelagert wurde, während der Lagerung abnahm. Nach 30 Tagen wurde ein pH-Wert von 6,53 festgestellt, ein Wert, der niedriger ist als der der Körnermasse, die nach 90 Tagen Lagerung bei 15°C gelagert wurde, was zeigt, dass der pH-Wert der gelagerten Körner bei der niedrigeren Temperatur tendenziell erhalten bleibt.

In Studien mit verschiedenen Arten von Bohnenkernen hat Batista (2010) gezeigt, dass die Aufrechterhaltung von Bedingungen mit hoher Temperatur und relativer Luftfeuchtigkeit die Entwicklung des HTC-Phänomens verursachen kann, was zu einer verlängerten Kochzeit, Veränderungen in der chemischen Zusammensetzung, einem Rückgang des pH-Werts der Kerne, einer geringeren Löslichkeit und Veränderungen im elektrophoretischen Profil der Proteine führt.

Rigueira et al. (2009) beobachteten bei der Kühllagerung von Bohnen mit unterschiedlichen Wassergehalten und einem anfänglichen pH-Wert von 6,36 einen Anstieg des pH-Wertes um 0,20, 0,16 bzw. 0,13 bei Wassergehalten von 12, 15 bzw. 18 % (b.u.). Die Autoren stellten außerdem fest, dass die Varianzanalyse eine Wechselwirkung zwischen dem Wassergehalt und der Lagerzeit für die pH-Variable ergab.

5.9. Analyse der Ergebnisse für die scheinbare spezifische Masse der gelagerten Körner

Das Konzept der spezifischen Kornmasse wird bei der Vermarktung, der Dimensionierung von Silos, Trocknern, Lagern und Transportsystemen verwendet und kann auch zur Bestimmung des Wassergehalts und der durch Insekten und Schädlinge verursachten Schäden in gelagertem Getreide eingesetzt werden (CORRÊA et al., 2008).

Nach Baudet (2006) verlieren Samen mit geringer spezifischer Masse, einzeln betrachtet in einer Charge von teilweise verfallenen Samen, während der Lagerung schneller ihre Lebensfähigkeit. Untersuchungen an Erbsensamen ergaben, dass die größeren Samen mit höherer Dichte langsamer verderben als die kleineren, leichteren Samen, und diese Beobachtung wurde auf Bohnensamen übertragen.

Abbildung 24 zeigt die Werte, die für die scheinbare spezifische Masse für die untersuchten Behandlungen während der Lagerung ermittelt wurden.

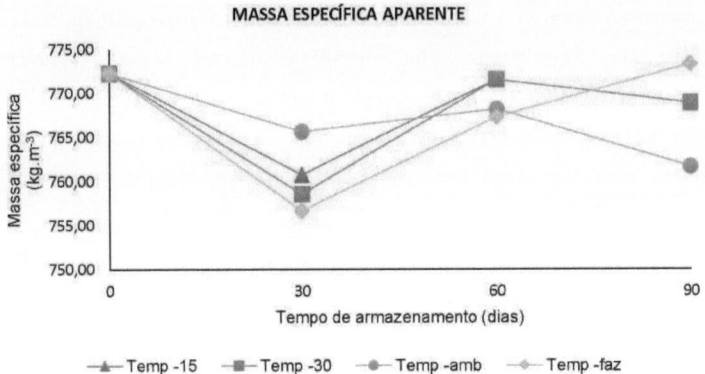

Abbildung 24 - Die scheinbare spezifische Masse von Bohnen in Abhängigkeit von den Lagerbedingungen und der Lagerdauer (Ergebnisse in kg·m)$^{-3}$.

Es ist zu erkennen, dass die anfängliche scheinbare spezifische Masse der Charge 772,29 kg·m^{-3} betrug. Nach 30 Tagen kam es bei allen Behandlungen zu einer Verringerung der scheinbaren spezifischen Masse. Nach 90 Tagen Lagerung unterschieden sich die beobachteten Werte unter den Lagerungsbedingungen mit einer Wahrscheinlichkeit von 5 % und unter Verwendung des Tukey-Tests statistisch nicht voneinander, wie in Tabelle 6 dargestellt.

Tabelle 6 - Scheinbare spezifische Masse der Bohnen für die Behandlungen nach 0, 30, 60 und 90 Tagen Lagerung (Ergebnisse in kg·m)$^{-3}$

Scheinbare spezifische Masse	0 Tage	30 Tage	60 Tage	90 Tage
Temp-15	772,29 A	760,75 B	771,54 AB	768,86 A
Temp-30	772,29 A	758,54 B	771,54 A	768,86 A
Temp-amb	772,29 A	765,65 A	768,18 A	761,65 A
Temp-do	772,29 A	756,65 B	767,29 AB	773,32 A

Mittelwerte, die durch denselben Buchstaben gekennzeichnet sind, unterscheiden sich nicht gemäß Tukey's statistischem Test mit 5% Wahrscheinlichkeit.

Unter dem Einfluss der Lagerungsbedingungen nehmen die scheinbaren Werte der spezifischen Masse aufgrund des technischen Abbaus und des Verzehrs der Trockenmasse durch Pilze tendenziell ab (LAZZARI, 1997), wobei die quantitativen Gesamtverluste aus den Prozessen des Kornverfalls resultieren. In dieser Studie wurde keine signifikante Veränderung dieses Attributs zwischen den Lagerungszeiten festgestellt. Einer der Gründe dafür könnte die Tatsache sein, dass die untersuchte Charge bei der ersten phytosanitären Analyse als gesund eingestuft wurde.

Alencar et al. (2009) stellten fest, dass die scheinbare spezifische Masse von Sojabohnen bei 20 °C praktisch konstant blieb, unabhängig vom Wassergehalt. Bei 40 °C beobachteten sie eine Verringerung der scheinbaren spezifischen Masse von Sojabohnen, die mit einem Wassergehalt von 14,8 % (b.u.) gelagert wurden.dieses Ergebnis bestätigt die Zunahme der Stoffwechselaktivität der Körner aufgrund des hohen Wassergehalts bei 40 °C, weshalb es zu einer beschleunigten Entwicklung von Pilzen kam und nach 180 Tagen eine hohe Inzidenz von *Aspergillus glaucus* (87 %) festgestellt wurde, was zu einem höheren Prozentsatz an verbrannten Körnern führte, was nach Ansicht der Autoren zur Verringerung der scheinbaren spezifischen Masse beigetragen haben könnte.

In der vorliegenden Studie wurde der Wassergehalt auf Werte reduziert, die unter denen von Alencar et al. (2009) liegen, ein Faktor, der die Stoffwechselaktivität der Körner hemmt.

Die Tatsache, dass der Wassergehalt während der Lagerung praktisch konstant blieb, beeinflusste die Ergebnisse ebenfalls, denn nach Brooker et al. (1992) und Couto et al. (1999) nimmt die spezifische Masse der Körner bei Produkten mit den Eigenschaften von Bohnen im Allgemeinen mit abnehmendem Wassergehalt zu. Nach denselben Autoren hängt diese Zunahme vom Prozentsatz der beschädigten Bohnen, dem anfänglichen Wassergehalt, der beim Trocknen erreichten Temperatur, dem endgültigen Wassergehalt und der Bohnensorte ab.

5.10. Analyse des Gewichtsverlusts der eingelagerten Körner

Das Hauptziel der Lagerung ist die Erhaltung der Trockenmasse, die sich aus Kohlenhydraten, Fetten, Proteinen und Mineralsalzen zusammensetzt.

Nach Muir und White (2001) ist der Atmungsprozess des Getreides und der Mikroflora während der Lagerung ein entscheidender Faktor für den Verderb des gelagerten Produkts, da ein Teil der Trockenmasse während dieses Prozesses verbraucht wird.

Abbildung 25 zeigt die Ergebnisse der Gewichtsabnahme für die Behandlungen zu den betrachteten Zeitpunkten. Es gibt Unterschiede in den Linien der Abbildung. Bei den Bohnen, die bei 15°C gelagert wurden, bestand die Tendenz, dass die Trockenmasse erhalten blieb. Bei 30°C nahm der Gewichtsverlust bei den verschiedenen Lagerungsbedingungen tendenziell mit der Lagerdauer zu.

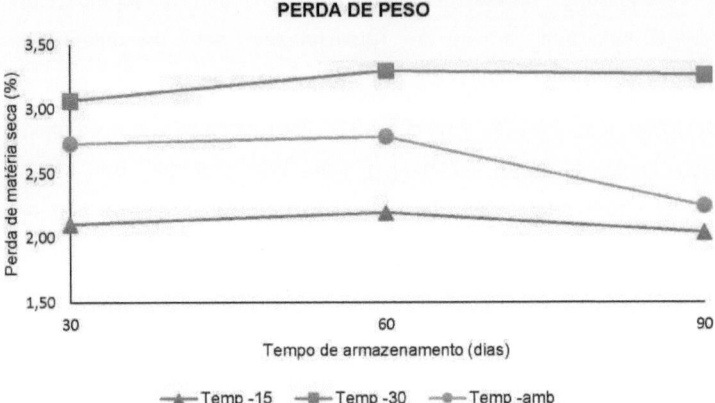

Abbildung 25 - Trockenmasseverlust von Bohnen in Abhängigkeit von den Lagerbedingungen und der Lagerdauer (Ergebnisse in %).

Park et al. (2007) zufolge ist der Atmungsprozess umso intensiver, je höher der Wassergehalt und die Temperatur sind, wodurch organische Substanzen verbraucht werden, je schneller das Produkt verdirbt und je geringer der Gewichtsverlust aufgrund der Verringerung der Trockenmasse ist.

Abbildung 25 zeigt, dass der Gewichtsverlust der Körnermasse bei 15 °C mit Werten nahe 2 % am geringsten war. Bei einer Lagertemperatur von 30 °C erreichte der Verlust nach 90 Tagen Lagerung fast 3,3 %.

Adhikarinayake, Palipane und Muller (2006) untersuchten den Verlust von Trockensubstanz in Rohreis bei Temperaturen zwischen 27 und 32 °C und stellten einen Verlust von 2,1 % der Trockensubstanz in offenen Lagersystemen fest.

Betrachtet man die auf dem Betrieb verwendeten Silos mit einer Lagerkapazität von ca. 112 Tonnen, so ergibt sich ein Unterschied, der in Tabelle 7 nach 90 Tagen Lagerzeit zu sehen ist.

Tabelle 7 - Gewichtsverlust nach 90 Tagen Lagerung für die Behandlungen (Ergebnisse in % und Tonnen)

Lagerungsbedingungen	Gewichtsverlust (%)	Gewichtsverlust (Tonnen)
Temperatur von 15°C	2,04	2,28
Temperatur von 30°C	3,26	3,65

Temperatur in der Umgebung	2,25	2,52

Betrachtet man den Gewichtsverlust in Tonnen, so beläuft sich der Unterschied zwischen der Lagerung bei 15°C und 30°C auf 1,34 Tonnen bei einer Lagerdauer von 90 Tagen. Da die Bohnen in 60-kg-Säcken verkauft werden, entspricht dieser Unterschied etwas mehr als 22 Säcken Bohnen in nur einem Lagersilo. Wenn man bedenkt, dass der Standort über 20 identische Silos verfügt, die alle für die Lagerung genutzt werden, könnte sich dieser Unterschied auf mehr als 440 Säcke Bohnen belaufen.

Analysiert man die Tatsache, dass der Betrieb, in dem der Versuch durchgeführt wurde, über die Ausrüstung zur Kühlung der in die Silos eingeblasenen Luft verfügt, d.h. dass die Investitionen, die erforderlich sind, um die niedrigste gewünschte Temperatur in der Masse der gelagerten Bohnen zu erreichen, bereits getätigt wurden, wird deutlich, dass eine bessere Verwaltung und Nutzung der vorhandenen Ausrüstung erforderlich ist.

zur Verfügung, so dass es möglich ist, den Gewichtsverlust bei der Lagerung auf Betriebsebene zu verringern.

Tabelle 8 zeigt auch die geschätzten Ergebnisse für den Gewichtsverlust, der zwischen den untersuchten Behandlungen nach 30 Tagen Lagerung erheblich abweichen kann. Der Gewichtsverlust in Tonnen wird unter Berücksichtigung eines der Silos des Betriebs mit einer Lagerkapazität von etwa 112 Tonnen analysiert.

Tabelle 8 - Gewichtsverlust nach 30 Tagen Lagerung für die Behandlungen (Ergebnisse in % und Tonnen)

Lagerungsbedingungen	Gewichtsverlust (%)	Gewichtsverlust (Tonnen)
Temperatur von 15°C	2,10	2,35
Temperatur von 30°C	3,06	3,42
Temperatur in der Umgebung	2,73	3,06

Aus den in Tabelle 8 dargestellten Ergebnissen geht hervor, dass der Test zur Analyse des Gewichtsverlustes einen Unterschied zwischen den nach 30 Tagen Lagerung analysierten Behandlungen zeigt, was die Bedeutung eines guten Lagermanagements unterstreicht, da die Verschlechterung des Korns irreversibel und kumulativ ist.

5.11. Analyse der Temperaturschwankungen der gelagerten Getreidemasse unter Berücksichtigung der verschiedenen Stellen im Silo

Während des Lagerungszeitraums wurden die Temperaturen der Körnermasse an neun verschiedenen Stellen im Silo mit Hilfe von Thermoelementen überwacht, die im Inneren des Silos installiert waren. Diese Messungen ermöglichten es, die Temperatur der Getreidemasse in radialer Richtung und in Schichten auf verschiedenen Höhen (Ebenen) im Silo zu messen, wodurch die Verteilung der Luft und die Aufrechterhaltung der Temperatur in der Getreidemasse überprüft werden konnten.

Tabelle 9 zeigt die Durchschnittswerte der Getreidetemperaturen im Silo sowie die Höchst- und Tiefstwerte, die an jedem der untersuchten Standorte während der Lagerzeit erreicht wurden.

Tabelle 9 - Durchschnitts-, Höchst- und Mindestwerte der Temperaturen der Körnermasse an den verschiedenen untersuchten Stellen im Silo (Ergebnisse in °C)

Standort	Durchschnittliche Temperatur	Maximale Temperatur	Minimale Temperatur
A	21,07 a	24,80	18,40
G	20,50 ab	31,35	17,15
D	19,77 v. Chr.	25,30	16,30
B	19,44 bcd	31,95	14,95
E	19.32 bcd	26,10	14,85
F	18,81 cd	31,40	14,60
H	18,80 cd	32,30	15,50
C	18,47 cd	30,25	12,85
I	17,85 d	25,75	13,85

Mittelwerte, die durch denselben Buchstaben gekennzeichnet sind, unterscheiden sich nicht durch den Games-Howell-Test mit einer Wahrscheinlichkeit von 5%.

Es ist zu erkennen, dass die durchschnittlichen Temperaturen der Getreidemasse während der Lagerung im Silo über 17°C lagen und in Position "A" einen Wert von über 21°C erreichten. Bei diesen Temperaturwerten für die Getreidemasse gilt die Lagerung als unsicher, da diese Bedingungen die Entwicklung von Mikroorganismen, Schadinsekten und Milben begünstigen, die das gelagerte Getreide befallen, so Navarro und Noyes

(2002).

Nach Navarro et al. (2002) haben Insekten keine Kontrolle über ihre Körpertemperatur, so dass ihre Fortpflanzung und Entwicklung mit steigender Temperatur innerhalb bestimmter Grenzen zunimmt. Folglich werden die meisten von ihnen bei niedrigen Temperaturen (10 bis 15 °C) inaktiv. Bei der Analyse der im Silo festgestellten Werte zeigte sich, dass alle Stellen, an denen die Temperatur der Körnermasse gemessen wurde, durchschnittliche Temperaturwerte oberhalb des von den Autoren genannten Bereichs aufwiesen.

Caneppele (2003) stellte fest, dass die Kühlung durch erzwungene Kaltluftinsufflation eine wirksame Technologie ist, um die Temperatur der Getreidemasse auf einen sicheren Bereich von etwa 15 °C zu senken, wodurch die Entwicklung von Schädlingspopulationen verhindert und diese für einen langen Zeitraum unterdrückt werden und die physische und gesundheitliche Qualität des Produkts erhalten bleibt.

Ein weiterer interessanter Faktor ist die Tatsache, dass bei der Lagerung in den landwirtschaftlichen Betrieben die Kochzeiten länger waren als bei der Lagerung bei 15°C im Labor. Diese Ergebnisse könnten eine Folge der Temperaturen sein, die von der in den Silos gelagerten Getreidemasse erreicht wurden, wo Werte von über 15°C beobachtet wurden. Ribeiro et al. (2007 und 2008) stellten fest, dass die Temperatur und die relative Luftfeuchtigkeit während der Lagerung die Kochqualität verändern können, und Resende (2008) wies darauf hin, dass niedrige Temperaturen zu einer kürzeren Kochzeit der Bohnenkerne führen. Coelho et al. (2008) stellten fest, dass diese Faktoren auch einen Einfluss auf die ernährungsphysiologische Qualität von Bohnen haben.

Wie wir gesehen haben, beeinflussen Temperatur und Lagerzeit auch die Werte der Variablen "L" für die Farbe der Bohnen. In der vorliegenden Studie wurde festgestellt, dass die Werte dieser Variablen bei der Lagerung im landwirtschaftlichen Betrieb im Laufe der Zeit abnahmen, d. h. die Haut der Bohnen wurde dunkler, was bei der Lagerung bei einer Temperatur von 15 °C nicht der Fall war, bei der sich die Werte der Variablen "L" statistisch nicht von den Werten bei der ursprünglichen Charakterisierung der Bohnenpartie unterschieden.

Abbildung 26 zeigt eine Darstellung des Temperaturverteilungsprofils der Getreidemasse im Lagersilo unter Berücksichtigung der Stellen, an denen die Temperaturen der Thermoelemente gemessen wurden. Es ist zu erkennen, dass die Farben anhand der statistischen Analyse der Daten in Tabelle 9 unterschieden wurden.

Abbildung 26 zeigt, dass an den Punkten, die dem zentralen Luftverteilungskanal des

Silos am nächsten lagen (Standorte A, D und G), die durchschnittlichen Getreidemassetemperaturen am höchsten waren, wobei die durchschnittliche Getreidemassetemperatur während der Lagerung am Punkt "A" 21,07°C betrug und sich statistisch nicht von der Getreidemassetemperatur am Standort "G" unterschied, wo Werte von 20,5°C beobachtet wurden.

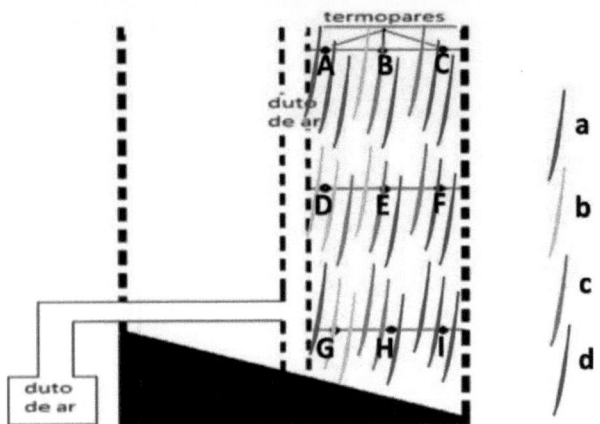

Figura 26 - Profil der Temperaturverteilung der Getreidemasse im Inneren des Lagersilos (Standorte mit gleicher Farbe unterscheiden sich nicht durch den Games-Howell-Test bei einer Wahrscheinlichkeit von 5 %).

Wie bereits erwähnt, verfügt das zur Lagerung verwendete Silo über Seitenwände aus Holzplatten und perforierten Metallbindern, wie in Abbildung 27 zu sehen ist. An den Stellen, die den Silowänden am nächsten liegen, und in der mittleren Schicht sind die beobachteten Werte für die durchschnittlichen Temperaturen der Getreidemasse am niedrigsten und unterscheiden sich statistisch nicht voneinander, wenn man den Games-Howell-Test auf einem Signifikanzniveau von 5 % anwendet. Diese Ergebnisse können auf die Perforation der Wände und das Material des Silos zurückzuführen sein, konstruktive Merkmale, die den Wärmeaustausch mit der äußeren Umgebung begünstigen und keine Rückhaltung von Kaltluft zulassen. Die Durchschnittstemperatur in der Gemeinde, in der der Versuch durchgeführt wurde, lag während der Lagerzeit bei 24°C.

Figura 27 - Silo zur Lagerung von Bohnen auf dem Bauernhof und Konstruktionsdetails der Silowand.

Gemäß den Entscheidungen der Leitung des landwirtschaftlichen Betriebs, in dem der Versuch durchgeführt wurde, wurden die Geräte zur Kühlung der Getreidemasse im Silo erst dann eingeschaltet, wenn die Getreidemasse eine Temperatur von 23°C erreicht hatte, die auf dem an den Thermoelementen angebrachten Thermometer angezeigt wurde. Unter diesen Bedingungen wurde die Anlage eingeschaltet und blieb für einen Zeitraum von 48 Stunden eingeschaltet. Danach wurden die Geräte erst wieder eingeschaltet, wenn die Temperatur von 23°C in der Getreidemasse wieder erreicht war.

Bei der Analyse der Durchschnittswerte für die Getreidemassetemperaturen zeigte sich, dass, obwohl die Standorte A, D und G dem zentralen Luftverteilungskanal im Silo am nächsten liegen und daher als erste die in das Silo eingeblasene gekühlte Luft erhalten, an diesen Standorten keine Homogenisierung der Temperaturerhaltung in der Getreidemasse stattfand und an diesen drei Punkten höhere durchschnittliche Temperaturwerte für die Getreidemasse beobachtet wurden.

Außerdem wurde festgestellt, dass die Durchschnittswerte der Kornmassentemperaturen umso niedriger waren, je näher die untersuchten Stellen an der Silowand lagen, wobei die Werte mit zunehmender radialer Annäherung an die Mitte des Silos stiegen. Dies wird durch die an den Punkten B, E, D und G beobachteten Kornmassentemperaturwerte bestätigt, die sich statistisch nicht voneinander unterscheiden. Es ist jedoch anzumerken, dass alle durchschnittlichen Temperaturwerte über den Werten lagen, die für die Getreidelagerung als sicher gelten.

Nach Hellemar (1993) ist Getreide ein guter Wärmeisolator, und sobald eine niedrige Temperatur erreicht ist, wird sie für lange Zeit beibehalten. Bei der Analyse der Ergebnisse wurde festgestellt, dass die Getreidemasse zwar abgekühlt wurde, aber die Temperatur während der Lagerung nicht konstant blieb. Dies ist insbesondere auf die Konstruktionsmerkmale des Silos zurückzuführen, da die hölzernen und perforierten Wände den Austausch mit der äußeren Umgebung begünstigten.

Auf der Grundlage der beobachteten Daten wurde eine Gleichung entwickelt, um die Temperatur der Getreidemasse an jedem untersuchten Ort innerhalb des Lagersilos zu beschreiben, und zwar wie folgt:

Temperatur = 21,073 + 0,0 A* - 1,630 B* - 2,601 C* -1,301 D* -1,756 E* - 2,261 F* - 0,569 G - 2,273 H* - 3,219 I*

*signifikant auf dem 5 %-Wahrscheinlichkeitsniveau unter Verwendung des t-Tests.

In der vorgestellten Gleichung sind die Variablen dichotom, d. h. sie nehmen die Werte 0 und 1 an. Um den Wert der Temperatur der Körnermasse an einem der untersuchten Orte zu erhalten, nehmen die anderen daher den Wert 0 an.

Für die Temperatur der Körnermasse am Ort "A" beispielsweise nehmen die anderen Orte den Wert 0 an, so dass sich eine Temperatur von 21,073 °C ergibt, ein Wert, der in Tabelle 9 zu sehen ist.

Es ist zu erkennen, dass die Werte der Koeffizienten, die alle negativ sind, zeigen, wie stark die Temperatur der Getreidemasse an jedem beobachteten Ort im Silo abnimmt, wobei der höchste Wert (in absoluten Zahlen) am Ort "I" zu finden ist, wo die beobachtete durchschnittliche Temperatur der Getreidemasse am niedrigsten war.

6. SCHLUSSFOLGERUNGEN

- Bei niedrigeren Temperaturen ist es möglich, die Qualität der Bohnen für eine längere Lagerzeit zu erhalten.

- Es ist möglich, Bohnen bei einer Temperatur von 15°C oder weniger und einer relativen Luftfeuchtigkeit von 58 ± 2% mit einem Wassergehalt von 11% (b.u.) zu lagern, ohne dass es zu Farb- und Kochzeitschwankungen kommt.

- Bei einer Lagertemperatur von 15 °C und einer relativen Luftfeuchtigkeit von 58 ± 2 % veränderte sich die Farbe während der Lagerzeit nicht, was die Akzeptanz des Erzeugnisses durch den Verbraucher begünstigt, der dieses Attribut direkt mit der Qualität der Bohnen in Verbindung bringt.

- Bei Temperaturen über 15°C kann man unabhängig von den Lagerbedingungen nach 30 Tagen Lagerung eine Verdunkelung und Verhärtung der gelagerten Bohnen beobachten.

- Die Farbqualität und die Kochzeit von Bohnen können sich je nach Beschaffenheit und Lagerungssystem verschlechtern.

- Die Lagerung bei 15 °C und einer relativen Luftfeuchtigkeit von 58 ± 2 % bietet günstige Bedingungen für die Erhaltung des Aschegehalts von Bohnen, die 90 Tage lang gelagert werden.

- Durch die Lagerung bei einer Temperatur von 15°C oder weniger kann der Wassergehalt von Bohnen, die bei 12% (b.u.) gelagert werden, für einen Zeitraum von bis zu 90 Tagen stabilisiert werden.

- Bei Bohnen, die bei 15 °C und einer relativen Luftfeuchtigkeit von 58 ± 2 % und bei 30 °C und einer relativen Luftfeuchtigkeit von 58 ± 2 % gelagert wurden, konnten bereits nach 30 Tagen Unterschiede im Trockenmasseverlust festgestellt werden.

- Obwohl die Temperatur der Bohnenmasse bei der Abkühlung während der Lagerung gleichmäßig ist, ist es nicht möglich, die thermische Stabilität der Bohnen in Silos mit perforierten Wänden aufrechtzuerhalten, da diese keine kalte Luft zurückhalten können.

- Der Einsatz von Lagertechniken, wie z. B. die künstliche Abkühlung der Körnermasse, kann den Erzeugern bei der Entscheidungsfindung helfen, denn wenn die Lagerung sicher ist und gewährleistet, dass die Qualität der Partie erhalten bleibt, besteht die Möglichkeit, das Erzeugnis in Zeiten größeren Angebots zu lagern, wenn die Preise niedriger sind.

BIBLIOGRAPHISCHE REFERENZEN

ABREU, A.F.B. **Schädlinge und Bekämpfungsmethoden**: Anbau von Bohnen der ersten und zweiten Kultur in der südlichen Region von Minas Gerais. Santo Antonio de Goiàs: Embrapa Arroz e Feijâo, 2005 (Produktionssysteme, 6).

ADHIKARINAYAKE, B.T.; PALIPANE, B.; MULLER, J. Quality change and mass loss of paddy during a airproof storage in a ferro-cement bin in Sri Lanka. **Journal of Stored Products Research**, v. 42, n. 3, S. 337-390, 2006.

ALENCAR, E.R.; FARONI, L.R.D.; LACERDA FILHO, A.F.; PETERNELLI, L.A.; COSTA, A.R. Quality of soya beans stored under different conditions. **Revista Brasileira de Engenharia Agricola e Ambiental**, v. 13, n. 5, S. 606-613, 2009.

ALVES, E.; CAVARIANI, C.; CORREA, M.R.; SOUZA, F.G.; CORREA, T.M.; NAKAGAWA, J. Effect of ageing periods on the leaching of ions and soluble proteins in maize seeds. **Revista Brasileira de Sementes**, v. 26, n. 2, S. 119-125, 2004.

VERBAND DER AMTLICHEN SAATGUTANALYTIKER - AOSA. **Handbuch zur Saatgut-Vigourprüfung**. East Lasing: AOSA, 2002. 103 p.

BARAMPAMA, Z.; SIMARD, R.E. Nutrient composition, protein quality and antinutritional factors of some varieties of dry beans (*Phaseolus vulgaris* L.) grown in Burundi. **Lebensmittelchemie**, Oxford, v. 47, n. 2, S. 15-67, 1993.

BARBOSA, D.R.S. **Auswirkungen von Mikrowellenstrahlung auf die verschiedenen Stadien des Entwicklungszyklus von *Callosobruchus maculatus* (fabr. 1775) (Coleoptera: bruchidae) im Hinblick auf seine Bekämpfung auf Kuhbohnen**. 2010. Dissertation (Master's Degree) - Federal University of Piaui, Teresina, 20l0.

BARBOSA, R.M.; SILVA, C.B.; MEDEIROS, M.A.; CENTURION, M.A.P.C.; VIEIRA, R.D. Electrical conductivity as a function of the initial water content of peanut seeds. **Ciência Rural**, Santa Maria, v. 42, n. 1, S. 45-51, 2012.

BARRETO, F.A.; DEMITO, A. **Verfahren zur Kühlung von Saatgut**. Pelotas, 2009 (SEED News, 3).

BATISTA, K.A. **Extrusion von schwer kochbarem Bohnenmehl**: biochemische Merkmale und funktionelle Eigenschaften. 2010. Dissertation (Master's Degree) - Bundesuniversität Goiás, Goiânia, 2010.

BAUDET, L.M.L.; VILLELA, F.A. Saatgutlagerung. In: PESKE, S.T.; LUCCA FILHO, O.;

BARROS, A.C.S.A. **Sementes**: fundamentos cientificos e tecnológicos. 2.ed. Pelotas: Gràfica Sem Rival, 2006.

BAUDET, L.; VILLELA, F.A. Saatgutlagerung. In: PESKE, S.T.; VILLELA, F.A.; MENEGHELLO, G.E. **Sementes**: fundamentos cientificos e tecnológicos. 3.ed. Pelotas: UFPEL, 2012. chap. 7, p. 482-527.

BEWLEY, J.D.; BLACK, M. **Seeds**: Physiology of development and germination. New York: Plenum, 1985. 367 p.

BHATTACHARYA, K.; RAHA, S. Deteriorative changes of maize, groundnut and soybean seeds by fungi in storage. **Mycopathologia**, Dordrecht, v. 155, n. 3, S. 135-141, 2002.

BINOTTI, F.F.S.; HAGA, K.Y.; CARDOSO, E.D.; ALVES, C.H.; SA, M.E.; ARF, O. Auswirkung der beschleunigten Alterung auf den elektrischen Leitfähigkeitstest und die physiologische Qualität von Bohnensamen. **Act. Scientia Agronòmica**, Maringà, v. 30, n. 2, p. 247-254, 2008.

BOURNE, M.C. Size density and hardshell in dry beans. **Journal of Food Technology**, Chicago, v. 21, S. 17A-20A, 1967.

BRACKMANN, A.; NEUWALD, D.A.; RIBEIRO, N.D.; FREITAS. S.T. Conservação de três genótipos de feijâo (*Phaseolus vulgaris* L.) do grupo carioca em armazenamento refrigerado e em atmosfera controlada. **Ciência Rural**, Santa Maria, v. 32, p. 911-915, 2002.

BRAGANTINI, C. **Einige Aspekte der Lagerung von Bohnensamen und -kernen**. Santo Antonio do Goiás, Embrapa Reis und Bohnen, 2005. 28 p. (Dokument, 187).

BRASILIEN: Ministerium für Landwirtschaft, Viehzucht und Versorgung. Sekretariat für den Schutz der Landwirtschaft. **Regeln für die Analyse von Saatgut**. Brasilia: 2009.

BRASILIEN: Ministerium für Landwirtschaft, Viehzucht und Versorgung. Verfügbar unter: <http://www.agricultura.gov.br/>. Abgerufen am: 10. August 2015.

BROOKER, D.B.; BAKKER-ARKEMA, F.W.; HALL, C.W. **Trocknung und Lagerung von Getreide und Ölsaaten**. New York: Van Nostrand Reinhold, 1992.

CANEPPELE, C. **Qualität von Maiskörnern (*Zea mays* L.) von der Vorernte bis zur Lagerung, Überwachungsmethoden und Schädlingsbekämpfung**. 2003. Dissertation (Doktor der biologischen Wissenschaften) - Bundesuniversität von Paraná, Curitiba, 2003.

CARVALHO, J.A.; VON PINHO, E.V.R.; OLIVEIRA, J.A.; GUIMARAES, R.M.; BONOME, L.T. Rapid tests for evaluating the physiological quality of Citromelo swingle seeds.

Revista Brasileira de Sementes, v. 24, n. 1, S. 263-270, 2002.

CARVALHO, N.M.; NACAGAWA, J. **Saatgut**: Wissenschaft, Technologie und Produktion. Jaboticabal: FUNEP, 2000. 588 p.

COELHO, C.M.M. et al. Cooking capacity of beans as a function of genotype and hydration water temperature. **Ciência e Agrotecnologia**, v. 32, S. 1080-1086, 2008.

COELHO, C.M.M.; BELLATO, C.M.; SANTOS, J.C.P.; ORTEGA, E.M.M.; TSAI, S.M. Effect of phytate and storage conditions on the development of the "hard-to-cook" phenomenon in common beans. **J. Sci. Food Agric.**, v. 87, p. 12371243, 2007.

COELHO, S.R.M.; PRUDENCIO, S.H.; NÓBREGA, L.H.P.; LEITE, C.F.R. Veränderungen der Kochzeit und Textur von Bohnenkernen während der Lagerung. **Ciência e Agrotecnologia**, Lavras, v. 33, n. 2, S. 539-544, 2009.

COOL SEED. **Post-harvest technologies**. Verfügbar unter: <www.coolseed.com.br/index.php>. Accessed on: 12 May 2015.

NATIONALE VERSORGUNGSGESELLSCHAFT - CONAB. Verfügbar unter: <http://www.conab.gov.br/>. Abgerufen am: 10. August 2015.

CORREA, P.C.; SILVA, J.S. Structure, composition and quality of grain. in: SILVA, J.S. **Secagem e armazenagem de produtos agricolas**. Viçosa, MG: Aprenda Facil, 2008. p. 19-36.

COSTA, G.R.; RAMALHO, M.A.P.; ABREU, A.F.B. Variability for water absorption in bean germplasm from UFLA. **Ciência e Agrotecnologia,** Lavras, v. 25, n. 4, p. 1017-1021, 2001.

COUTO, S.M.; MAGALHAES, A.C.; QUEIROZ, D.M.; BASTOS, I.T. Apparent and real specific mass and porosity of coffee beans as a function of moisture content. **R. Bras. Eng. Agric. Ambiental**, Campina Grande, v. 3, n. 1, p. 6168, 1999.

DEMiTO, A.; AFONSO, A.D.L. Qualität von künstlich gekühlten Sojabohnen. **Engenharia na Agricultura**, v. 17, n. 1, p. 7-14, 2009.

DHiNGRA, O.; SiNCLAiR, J.B. **Basic plant pathology methods**. 2.ed. CRC Press, 1996.

DINIZ, B.L.M.T. **Gewöhnlicher Bohnenanbau**. Verfügbar unter: <http://www.ebah.com.br/content/ABAAAAvDsAF/cultura-feijao>. Abgerufen am: 17. September 2012.

ELIAS, M.C. **Technologisches Management der Getreidetrocknung und -lagerung**. Pelotas: Santa Cruz, 2008. 362 p.

FAGUNDES, C.A.A.; ELIAS, M.C.; BARBOSA, F.F. Industrielle Leistung von Reis, der mit holz- und gasbeheizter Luft getrocknet wird. **Revista Brasileira de Armazenamento**, v. 30, S. 8-15, 2005.

FARONI, L.R.A.; ALENCAR, E.R. de; PAES, J.L.; COSTA, A.R. da; ROMA, R.C.C. Quality of soya beans stored under different conditions. **Revista Brasileira de Engenharia Agricola e Ambiental**, v. 13, n. 5, p. 606613, 2009.

FERGUS, M.C. Farbe als Faktor bei der Lebensmittelauswahl. **Critical Reviews in Food Science and Nutrition**, v. 33, n. 1, S. 83-101, 1993.

FESSEL, S.A.; VIEIRA, R.D.; CRUZ, M.C.P.; PAULA, R.C.; PANOBIANCO, M. Electrical conductivity testing of corn seeds as influenced by temperature and period of storage. **Pesquisa Agropecuária Brasileira**, v. 41, n. 10, p. 15511559, 2006.

GOMES, J.C.; SILVA, M.H.L. **Lebensmittelanalyse**. Viçosa: FUNARBE, 2003.

GONELI, A.L.D.; CORRÊA, P.C.; SILVA, F.S.; MIRANDA, G.V. Auswirkung des Gehalts an Verunreinigungen auf die physikalischen Eigenschaften von Maissamen. In: CONGRESSO BRASILEIRO DE ENGENHARIA AGRÌCOLA, 32, 2003, Goiânia. **Abstracts...** Goiânia, 2003. p. 77.

HAMPTON, J.G.; TEKRONY, B.M. Conductivity test. In: HAMPTON, J.G.; TEKRONY, B.M. **Handbook of vigour methods**. 3.ed. Zürich: ISTA, 1995. S. 22-34.

HARRINGTON, J.F. Trocknen, Lagern und Verpacken von Saatgut zur Erhaltung der Keimfähigkeit und Wuchsstärke. **Proc. Short Course for Seedmen**, 1959.

HELLEMAR, J. **Chilling**: eine Alternative zur Qualitätskontrolle. Weltgetreide, 1993.

HELLEVANG, K.J. **Management nach der Ernte zur Erhaltung der Bohnenqualität**. Verfügbar unter: <http://www.northarvestbean.org/html/details.cfm?ID=43>. Abgerufen am: 02. Nov. 2015.

HOU, H.J.; CHANG, K.C. Lagerungsbedingungen beeinflussen Farbe, chemische Zusammensetzung und Tofuqualitäten von Sojabohnen. **Journal of Food Processing and Preservation**, v. 28, n. 6, S. 473-488, 2004.

ADOLFO LUTZ INSTITUT - IAL. **Analytische Standards des Adolfo-Lutz-Instituts**. 3. Auflage. Sao Paulo: IMESP, 1985. v. 1, S. 27.

NATIONALES METEOROLOGISCHES INSTITUT - INMET. Verfügbar unter: <http://www.inmet.gov.br/portal/>. Accessed on: 30 Nov. 2014.

JAYAS, D.S.; WHITE, N.D.G. Storage and drying of grain in Canada: low cost approaches. **Food Control**, v. 14, S. 255-261, 2003.

JIA, C.; SUN, D.W.; CAO, C. Computersimulation von Temperaturänderungen in einem Weizenlagerhaus. **Journal of Stored Products Research**, London, V. 37, S. 65177, 2001.

KAUR, M.; SINGH, N.A. Vergleich zwischen den Eigenschaften von Samen, Stärke, Mehl und Proteinen, die aus chemisch gehärteten und herkömmlichen Kidneybohnen gewonnen werden. **Journal Science Food Agriculture**, v. 87, S. 729-737, 2007.

KIGEL, J. Kulinarische und ernährungsphysiologische Qualität der Samen von *Phaseolus vulgaris* unter dem Einfluss von Umweltfaktoren. **Biotechnologie, Agronomie, Gesellschaft und Umwelt**, Jerusalem, v. 3, n. 4, S. 205-209, 1999.

KONG, F.; CHANG, S.K.C.; LIU, Z.; WILSON, L.A. Veränderungen der Sojabohnenqualität während der Lagerung im Zusammenhang mit der Herstellung von Sojamilch und Tofu. **Journal of Food Science**, v. 73, n. 3, S. 134-144, 2008.

KRAMER, A.; TWIGG, B.A. **Quality control for the food industry**. Washington: Der Avi, 1962. 512 p.

KRZYZANOWSKI, F.C.H.; VI EIRA, R.D. Kontrollierte Verschlechterung. In: KRZYZANOWSKI, F.C.H.; VIEIRA, R.D.; FRANÇA NETO, J.B. **Seed vigour**: concepts and tests. Londrina: ABRATES, 1999. 218 S.

LACERDA, A.D.S.; LAZARIN I, E.; SA, M.E.; VALÉRIO FILHO, W.V. Storage of desiccated soya beans and evaluation of physiological, biochemical and health quality. **Revista Brasileira de Sementes**, v. 25, n. 2, S. 97-105, 2003.

LASSERAN, J.C. **Getreidelüftung**. Viçosa: Nationales Ausbildungszentrum für Lagerhaltung, 1981. 128 p.

LAZZARI, F.A. **Feuchtigkeit, Pilze und Mykotoxine in der Qualität von Saatgut, Getreide und Futtermitteln**. 2.ed. Curitiba: Ed. do Autor, 1997. 148 p.

LAZZARI, S.M.N.; KARKLE, A.F.; LAZZARI, F.A. Artificial cooling for the control of Coleoptera in rice stored in metal silos. **Rev. Bras. Entomol.** v. 50, n. 2, S. 293-296, 2006.

LEMOS, L.B.; DURIGAN, J.F.; FORNASIERI FILHO, D.; GOMEZ, A.M.; FULANETI, J.F.N. Water absorption and protein content in seeds of bean genotypes (*Phaseolus vulgaris* L.). In: REUNIÂO NACIONAL DO FEIJÂO, 5, 1996, Goiânia. **Proceedings...** Goiânia, 1996.

LITTLE, A.C. Auf einer Tangente. **Journal of Food Science**, v.40, S. 410-411, 1975.

LIU, K. Cellular, biological, and phisicochemical basis for the hard-to-cook defect in legume seeds. **Critical Reviews in Food Science and Nutrition**, Boca Raton, v. 35, n. 4, S. 263-298, 1995.

LIU, K.; McWATTERS, K.H.; PHILLIPS, R.D. Proteinunlöslichkeit und thermische Destabilisierung während der Lagerung im Zusammenhang mit schwer kochbaren Defekten bei Rindererbsen. **Zeitschrift für Agrar- und Lebensmittelchemie**, v. 40, n. 12, S. 2483-2487, 1992.

LOPES, D.C.; MARTINS, J.H.; LACERDA FILHO, A.F.; MELO, E.C.; MONTEIRO, P.M.B.; QUEIROZ, D.M. Belüftungsstrategie zur Steuerung der Getreidelagerung auf der Grundlage von Simulation und realer Datenerfassung. **Computer und Elektronik in der Landwirtschaft**, v. 63, n. 2, S. 140-146, 2008.

LOPES, R.L.T. **Technologische Merkmale von Bohnengenotypen in Abhängigkeit von der Anbausaison und der Lagerzeit**. 2011. 64 p. Dissertation (Master's Degree) - Staatliche Universität Campinas, Campinas, SP, 2011.

LORINI, I. **Integrated pest management of stored cereal grains**. Passo Fundo: Embrapa Trigo, 2008. 72 p.

LORINI, I.; KRZYZANOWSKI, Francisco Carlos; FRANÇA-NETO, J.B.; HENNING, A.A. Main pests and control methods in seeds during storage. **Abrates Newsletter**, v. 19, S. 21-28, 2009.

LUCCA FILHO, O.A. Pathologie des Saatguts. In: PESKE, S.T.; LUCCA FILHO, O.A.; BARROS, A.C.S.A. **Sementes**: fundamentos cientificos e tecnológicos. 2.ed. Pelotas, 2006. p. 259-329.

MAIER, D.E. **Getreide in loser Schüttung ist ein vom Menschen geschaffenes ökologisches System, in dem der Verfall ein kontinuierlicher Prozess ist, der sich aus dem Zusammenspiel physikalischer, chemischer und biologischer Variablen ergibt**. [s.l.]: [s.ed.], 1994.

MAIER, D.E.; NAVARRO, S. Chilling of grain by refrigerated air. In: NAVARRO, S.; ROYES, R. **The mechanics and physics of modern grain aeration management**. Boca Raton: CRC Press, 2002. p. 489-560.

MALAKER, P.K.; MIAN, I.H.; BHUIYAN, K.A.; AKANDA, A.M.; REZA, M.M.A. Effect of storage containers and time on seed quality of wheat. **Journal of Agricultural Research**, Bangladesh, v. 33, n. 3, S. 469-477, 2008.

MARCONDES, M.C.; ANDREOLI, C.; MIGLIORANZA, E.M. Viabilitätsgleichung zur Bestimmung der Langlebigkeit von Weizensamen unter verschiedenen Bedingungen bei konventioneller Lagerung. **Revista Brasileira de Sementes**, Brasilia, v. 29, n. 3, S. 202-207, 2007.

MARCOS FILHO, J. **Fisiologia de sementes de plantas cultivadas**. Piracicaba: Fealq, 2005.

MARCOS FILHO, J. Beschleunigter Alterungstest. In: KRZYZANOWSKI, F.C.; VIEIRA, R.D.; FRANÇA NETO, J.B. **Seed vigour**: concepts and tests. Londrina: ABRATES, 1999. p 1-24.

MAURER, G.M.; OZEN, B.F.; MAUER, L.J.; NIELSEN, S.S. Analysis of hard-to cook red and black common beans using fourier transform infrared spectroscopy. **Journal of Agricultural and Food Chemistry**, Washington, v. 52, S. 1470-1477, 2004.

MENEZES, N.L.; VILLELA, F.A. Das Lagerungspotenzial jedes Saatguts. **SEED News**, Pelotas, v. 1, n. 4, S. 22-25, 2009.

MORI, A.L.B. **Löslichkeit von Proteinen in gealterten Bohnen**. Londrina, 2001. 78 p. Dissertation (Master in Lebensmittelwissenschaften) - Staatliche Universität Londrina, Londrina, PR, 2001.

MUIR, W.E.; WHITE, N.D.G. Mikroorganismen in gelagertem Getreide. In: MUIR, W.E. **Manitoba**: grain preservation Biosystems. 2000. p. 1-17.

MUIR, W.E.; WHITE, N.D.G. Mikroorganismen in gelagertem Getreide. In: MUIR, W.E. **Manitoba**: grain preservation Biosystems. 2000. p. 28-42.

NAVARRO, S.; NOMES, R.; JAYAS, D.S. Das Ökosystem von gelagertem Getreide und die Wärme- und Feuchtigkeitsübertragung in Getreidemassen. In: NAVARRO, S.; NOYES, R. **The mechanics and physics of modern grain aeration management**. New York: CRC Press, 2002. S. 35-78.

NAVARRO, S.; NOYES, R.; ARMITAGE, D.; MAIER, D.E. Zielsetzungen der Belüftung. In: NAVARRO, S.; NOYES, R. **The mechanics and physics of modern grain aeration management**. Boca Raton: CRC Press, 2002. p. 1-34.

NOYES, R.; NAVARRO, S. Betrieb von Belüftungssystemen. In: NAVARRO, S.; NOYES, R. **The mechanics and physics of modern grain aeration management**. New York: CRC Press, 2002. S. 315-412.

OLIVEIRA, F.A.; KHATCHATOURIAN, O.A.; BIHAIN, A. Thermischer Zustand von

Produkten, die in Silos mit Belüftungssystem gelagert werden: theoretische und experimentelle Studie. **Revista Engenharia Agricola**, v. 27, n. 1, S. 247-258, 2007.

OLIVEIRA, Viviani Ruffo de et al. Cooking quality and nutritional composition of bean genotypes with and without refrigeration storage. **Ciência Rural**, Santa Maria, v. 41, n. 5, S. 746-752, 2011.

ORDÓNEZ, J.A. **Lebensmitteltechnologie**: Lebensmittelkomponenten und -prozesse. Porto Alegre: Artmed, 2002. 294 p.

PANOBIANCO, M.; VIEIRA, R.D. Electrical conductivity and deterioration of soybean seeds exposed to different storage conditions. **Revista Brasileira de Sementes**, v. 29, n. 2, S. 97-105, 2007.

PANOBIANCO, M.; VIEIRA, R.D.; PERECIN, D. Elektrische Leitfähigkeit als Indikator für die Alterung von Erbsensamen, die bei unterschiedlichen Temperaturen gelagert wurden. **Scientia Agricola**, v. 64, S. 119-124, 2007.

PARK J.K.; ANTONIO, G.C.; OLIVEIRA, R.A.; PARK, K.J.B. **Concepts of drying processes and equipment**. Campinas, 2007. Verfügbar unter: <http://www.feagri.unicamp.br/ctea/projpesq.html>.

PESKE, S.T.; LUCCA FILHO, O.A.; BARROS, A.C.S.A. **Sementes**: fundamentos cientificos e tecnológicos. 2.ed. Pelotas: UFPEL, 2006.

PLHAK, L.C. et al. Comparison of methods used to characterize water imbition in hard-to-cook beans. **Journal of Food Science**, v. 54, S. 326-336, 1989.

POHNDORF, R.S. **Auswirkungen von Feuchtigkeit und Kühlung während der Lagerung auf die Qualität von Sojabohnen und Sojaöl für Speisezwecke und die Biodieselproduktion**. 2012. 84 f. Dissertation (Master-Abschluss in Agrarwissenschaft und -technologie) - Bundesuniversität Pelotas, Pelotas, RS, 2012.

PROCTOR, J.R.; WATTS, B.M. Entwicklung eines modifizierten Mattson-Bohnenkochverfahrens auf der Grundlage einer sensorischen Panel-Bewertung der Kochfähigkeit. **Canadian Institute of food Science and Technology**, Ottawa, v. 20, n. 1, S. 9-14, 1997.

PUZZI, D. **Getreideversorgung und Getreidelagerung**. Campinas: Instituto Campineiro de Ensino Agricola, 2000. 666 p.

QUINTELA, E.D. **Handbuch zur Identifizierung von Insekten und anderen wirbellosen Schädlingen der Bohnenpflanze**. Santo Antônio do Goiàs: Embrapa Rice and Beans,

2002. 51 p.

RESENDE, O. **Veränderung der physikalischen und mechanischen Eigenschaften und der Qualität von Bohnen** (Phaseolus vulgaris L.) **während der Trocknung und Lagerung.** 2006. 180 f. Dissertation (Doktorat in Agrartechnik) - Fakultät für Agrartechnik, Viçosa, MG, 2006.

RESENDE, O.; CORRÊA, P.C.; GONELI, A.L.D.; RIBEIRO, D.M. Form, Größe und volumetrische Kontraktion von Bohnen (Phaseolus vulgaris L.) während des Trocknens. **Revista Brasileira de Produtos Agroindustriais**, Campina Grande, v. 7, n. 1, S. 15-24, 2005.

RESENDE, O.; CORRÊA, P.C.; FARONI, L.R.A.; CECON, P.R. Evaluation of the technological quality of beans during storage. **Ciência e Agrotecnologia**, Lavras, v. 32, n. 2, S. 517-524, 2008.

REYES-MORENO, C.; PAREDES-LOPEZ, O. Hard-to-cook phenomenon in common beans: a review. **Critical Reviews in Food Science and Nutrition**, Boca Raton, v. 33, n. 3, S. 227-286, 1993.

RIBEIRO, N.D. et al. Genetischer Fortschritt bei agronomischen Merkmalen bei der Verbesserung von Bohnen. **Ciência Rural**, v. 33, S. 629-633, 2003.

RIBEIRO, N.D. et al. Effect of sowing periods and storage conditions on the quality of beans for cooking. **Bragantia**, v. 66, S.157-163, 2007.

RIBEIRO, N.D. et al. Aussaatzeiten und Lagerungsbedingungen auf die Kochqualität von Bohnenkernen. **Ciência Rural**, v. 38, S. 936-941, 2008.

RIBEIRO, H.J.S.S.; PRUDENCIO-FERREIRA, S.H. Physikalische und chemische Eigenschaften von schwarzen Bohnen, Sorte IAPAR 44, nach beschleunigter Alterung. **Wissenschaft und Technologie von. Alimentos**, Campinas, v. 25, n. 1, p.165169, 2005.

RIGUEIRA, R.J.A; LACERDA FILHO, A.F.; VOLK, M.B.S. Bewertung der Qualität von Bohnen, die in einer gekühlten Umgebung gelagert werden. **Alimentos e Nutriçâo**, Araraquara, v. 20, n. 4, p. 649-655, 2009.

RIGUEIRA, R.J.A.; LACERDA FILHO, A.F.; VOLK, M.B.S.; CECON, P.R. Storage of peeled cherry coffee beans in a refrigerated environment. **Engenharia na Agricultura**, Viçosa, v. 17, n. 4, S. 323-333, 2009.

RIOS, A.O.; ABREU, C.M.P.; CORREA, A.D. Effects of harvest time and storage time on blackening of the skin of beans (Phaseolus vulgaris L.). **Ciência e Agrotecnologia**,

Lavras, v. 26, n. 3, p. 550-558, 2002.

RIOS, A.O.; ABREU, C.M.P.; CORREA, A.D. Auswirkung von Lager- und Erntebedingungen auf einige physikalische, chemische und ernährungsphysiologische Eigenschaften von drei Bohnensorten (Phaseolus vulgaris L.). **Lebensmittelwissenschaft und -technologie**, V. 23, S. 39-45, 2003.

SANTOS, C.M.R.; MENEZES, N.L.; VILLELA, F.A. Physiologische und biochemische Veränderungen in künstlich gealterten Bohnensamen. **Revista Brasileira de Sementes**, v. 26, n. 1, S. 110-119, 2004.

SANTOS, C.M.R.; MENEZES, N.L.; VILLELA, F.A. Physiologische und biochemische Veränderungen in Bohnensamen während der Lagerung. **Revista Brasileira de Sementes**, Brasilia, v. 27, n. 1, S. 104-114, 2005.

SANTOS, J.P. **Getreidelagerung**: Methoden der vorbeugenden Schädlingsbekämpfung. Campinas: Institut Bio Geneziz, 2002.

SARTORI, M.R. **Technologische Qualität von Trockenbohnen (Phaseolus vulgaris L.), die unter Stickstoff gelagert werden**. 1982. Dissertation (PhD in Getreidewissenschaft und Industrie) - Kansas State University, Manhattan, 1982.

SCUSSEL, V.M. Faktoren, die die Entwicklung von Pilzen und die Produktion von Toxinen begünstigen. In: LORINI, I.; MIIKE, L.H.; SCUSSEL, V.M. **Armazenagem de grâos**. Campinas: IBG, 2002. 1000 p.

SINCLAIR, J.B. Discoloration of soybean seeds - an indicator of quality. **Plant Disease**, v. 76, n. 11, p. 1087-1090, 1992.

SINCLAIR, J.B. Reevaluation of grading standards and discounts for fungus damaged soybean seeds. **Journal of the American Oil Chemists' Society**, v. 72, n. 12, S. 1415-1419, 1995.

SILVA, D.J. **Lebensmittelanalyse**: chemische und biologische Methoden. 3. Auflage. Viçosa: UFV, 2002. 235 p.

SILVA, V.N. **Elektrische Leitfähigkeit in verschiedenen Bohnensamenstrukturen**. 2009. 47f. Dissertation (Master-Abschluss in Saatgutwissenschaft und -technologie) - Bundesuniversität Pelotas, Pelotas, RS, 2009.

SILVA, D.V.F.; SANTOS, J.B. Genetische Kontrolle der Kochfähigkeit von Bohnen (Phaseolus vulgaris L.) und Identifizierung von RAPD- und SSR-Markern. In: CONGRESSO NACIONAL DE PESQUISA DE FEIJÂO, 8, 2005, Goiàs. **Proceedings...**

Goiânia, 2005. p. 389-392.

SILVA, J.S.; LACERDA FILHO, A.F.; DEVILLA, I.A. Belüftung von gelagertem Getreide. In: SILVA, J.S. **Secagem e armazenagem de produtos agricolas**. Viçosa: Editora Aprenda Facil, 2000. p. 261-277.

SILVA, J.S.; BERBERT, P.A.; RUFATO, S.; AFONSO, A.D.L. Indikatoren für die Getreidequalität. In: SILVA, J.S. **Secagem e armazenagem de produtos agricolas**. Viçosa, MG: Aprenda Facil, 2008. p. 63-107.

SILVA, C.A. et al. Chemical composition as related to seed colour of common bean. **Crop Breeding and Applied Biotechnology**, v. 12, n. 2, S. 132-137, 2012.

STEERE, W.C.; LEVENGOOD, W.C.; BONDIE, J.M. Ein elektronisches Analysegerät zur Bewertung der Keimung und Vitalität von Saatgut. **Saatgutwissenschaft und - technologie**, V. 9, Nr. 2, S. 567-576, 1981.

SUN, D.W.; BYRNE, C. Selection of EMC/ERH isotherm equations for rapeseed. **Journal of Agricultural Engineering Research**, v. 69, S. 307-315, 1998.

TILLMANN, M.A.A.; MIRANDA, D.M. Saatgutanalyse. In: PESKE, S.T.; LUCCA FILHO, O.; BARROS, A.C.S.A. **Sementes**: fundamentos cientificos e tecnológicos. 2.ed. Pelotas: Gràfica Sem Rival, 2006. p. 157-255.

VIEIRA, E.H.N.; YOKOYAMA, M. Ernte, Verarbeitung und Lagerung. In: VIEIRA, E.H.N.; RAVA, C.A. **Bohnensamen**: Produktion und Technologie. Santo Antônio de Goiàs: Embrapa Arroz e Feijâo, 2000. p. 233-247.

VIEIRA, R.D.; KRZYZANOWSKI, F.C. Elektrischer Leitfähigkeitstest. In: KRZYZANOWSKI, F.C.; VIEIRA, R.D.; FRANCA NETO, J.B. **Seed vigour**: concepts and tests. Londrina: Abrates, 1999. Kap. 4, S. 1-26.

VIEIRA, R.D.; PENARIOL, A.L.; PERECIN, D.; PANOBIANCO, M. Electrical conductivity and initial water content of soya bean seeds. **Pesquisa Agropecuâria Brasileira**, Brasilia, v. 37, n. 9, 2002.

VIEIRA, R.D.; NETO, A.S.; BITTENCOURT, S.R.M.; PANOBIANCO, M. Electrical conductivity of the seed soaking solution and soybean seedling emergence. **Scientia Agricola**, v. 61, n. 2, S. 164-168, 2004.

VINDIOLA, O.L.; SEIB, P.A.; HOSENEY, R.C. Accelerated development of the hard-to-cook state in beans. **Cereal Foods Word**, v. 31, S. 538, 1986.

WEBER, E.A. **Landwirtschaftliche Lagerung**. Porto Alegre: Kepler Weber Industrial,

1995.

WEBER, E.A. **Exzellenz in der Getreideverarbeitung und -lagerung**. [s.l.]: [s.ed.], 2005. 586 p.

WILSON, R.F.; NOVITZKY, W.P.; FENNER, G.P. Effect of fungal damage on seed composition and quality of soybeans. **Journal of the American Oil Chemists' Society**, v. 72, n. 12, S. 1425-1429, 1995.

YOKOYAMA, L.P.; DEL PELOSO, M.J.; DI STEFANO, J.G.; YOKOYAMA, M. **Akzeptanzniveau der Bohnensorte "Pérola"**: vorläufige Bewertung. Santo Antônio de Goiàs: Embrapa Arroz e Feijâo, 1999. 20 S. (Documentos, 98).

YOKOYAMA, L.P.; STONE, L.F. **Bohnenanbau in Brasilien**: Produktionsmerkmale. Santo Antônio de Goiàs: Embrapa Arroz e Feijâo, 2000. 75 p.

YOUSIF, A.M.; DEETH, H.C.; CAFFIN, N.A. Auswirkung von Lagerzeit und -bedingungen auf die Härte und Kochqualität von Adzuki (*Vigna angularis*). **LWT - Food Science and Technology**, v. 35, n. 4, S. 338-343, 2002.

I want morebooks!

Buy your books fast and straightforward online - at one of world's fastest growing online book stores! Environmentally sound due to Print-on-Demand technologies.

Buy your books online at
www.morebooks.shop

Kaufen Sie Ihre Bücher schnell und unkompliziert online – auf einer der am schnellsten wachsenden Buchhandelsplattformen weltweit! Dank Print-On-Demand umwelt- und ressourcenschonend produziert.

Bücher schneller online kaufen
www.morebooks.shop

info@omniscriptum.com
www.omniscriptum.com

Printed by Books on Demand GmbH, Norderstedt / Germany